# ESSAI

## SUR LES ENGRAIS,

### L'ASSOLEMÉNT, LE PARCAGE

ET

AUTRES SUJETS D'AGRICULTURE.

# ESSAI
## SUR LES ENGRAIS,
### L'ASSOLEMENT, LE PARCAGE

ET

### AUTRES SUJETS D'AGRICULTURE,

Tous tirés de la pratique même de l'Auteur, et indicatifs de sa théorie; auxquels est ajoutée la description des étables, bergeries et magasins à foin de deux fermes.

AVEC UNE PLANCHE.

Par MARK LEAVENWORTH, *cultivateur.*

PRIX : 1 fr. 50 centimes.

---

J am no orator, as Brutus is ;
........ a plain Blunt man —
————J only speak right on ;
J tell you that which you yourselves do know.

SHAKESPEARE.
( *Discours de Marc-Antoine.* )

---

## 'A PARIS,

Chez { Ant. BAILLEUL, rue Grange-Batelière, n°. 3.
MEURANT, libraire, rue des Grands-Augustins, n°. 24.

AN XI. — 1802.

# *PRÉFACE.*

Les Mémoires qui suivent ont été composés en diverses occasions , mais tous sont tirés de l'agriculture même de l'auteur ; et relativement aux sujets qu'ils traitent, on peut les regarder comme l'histoire de sa méthode de culture et de la théorie sur laquelle il fonde cette méthode.

D'après les observations annexées à deux de ces Mémoires, on verra que ceux-là ont été envoyés au concours proposé par la Société d'agriculture du département de la Seine , et qu'ils n'y ont point du tout fait fortune.

Voilà, certes, pour ces Mémoires , une bien mauvaise recommandation auprès du public ; mais ne se pourrait-il point qu'on y attachât quelque intérêt en considération de leur double singularité , et comme traité d'agriculture, sorti des mains d'un simple cultivateur, et comme histoire d'une pratique qui , si elle n'est pas nouvelle dans toutes les parties détachées, est au moins nouvelle dans sa combinaison, et peut-être , à certains égards, dans la théorie dont elle dérive.

# TABLE

# AVIS.

LE Mémoire qui suit, et dans lequel se traite la question des engrais, a été originairement envoyé au concours qu'avait proposé, sur cette matière, la société d'agriculture du département de la Seine : c'est un Mémoire écrit dans la langue des cultivateurs, et non point dans celle des chimistes ou des botanistes.

Ainsi, lorsqu'il y est dit que *tous végétaux en état de putréfaction, font un engrais propre à tous végétaux en état de croissance*, et encore que *tous les végétaux sont composés des mêmes substances*, ces expressions et toutes autres semblables doivent s'interpréter relativement au sujet même. Par la première de ces assertions, l'auteur n'a point voulu dire qu'il se fût assuré de l'espèce d'engrais convenable à quelques mousses et à divers autres végétaux qui n'intéressent nullement le cultivateur ; et il n'a point, dans la seconde assertion, prétendu contredir un fait bien connu ; savoir, qu'il existe des substances végétales qui fournissent de l'ammoniac.

L'auteur s'est bien proposé de parler avec justesse, relativement à *l'engrais*, dans le sens que le Mémoire même attache à ce mot : hors de là, il ne pouvait se proposer une justesse rigoureuse.

Le lecteur instruit s'appercevra que pour ce qui concerne les observations relatives à la manière dont les engrais agissent, l'auteur de ce Mémoire en a puisé quelques-unes dans la *Phytologia de Darwin*, quoique les conséquences qu'il en a déduites, diffèrent quelquefois des inductions de cet ingénieux écrivain.

ESSAI

# ESSAI

## SUR LES ENGRAIS.

Les questions suivantes sont proposées par la Société d'agriculture du Département de la Seine :

« 1°. Comment les engrais agissent en général ? »

« 2°. Quels sont les divers engrais, suivant les dif-
» férentes terres et les différentes natures de racines
» ou de plantes ? »

« 3°. Quelles sont leurs quantités relatives dans
» ces divers cas ? »

« 4°. Quelles peuvent être les différentes prépa-
» rations de ces engrais ? »

« 5°. Quelles sont les meilleures manières de les
» appliquer ? »

---

PARMI les questions ci-dessus, il en est que je ne prétends point discuter à fond, sous une forme quelconque, et il n'en est aucune que je veuille examiner précisément dans l'ordre où elle se trouve placée.

Mon intention est uniquement d'examiner les fets qui peuvent résulter, pour la végétation, de emploi de l'engrais, en prenant ce mot dans le sens restreint qu'y attachent les cultivateurs.

Par cette dénomination, je désigne donc ici toutes les matières qu'un cultivateur peut appliquer à la terre ou aux plantes qui croissent sur le sol, à l'effet de produire ou d'augmenter la végétation au-delà de ce qu'elle eût été, abandonnée à la terre même et à l'air libre de l'atmosphère.

On verra d'après cela que je ne veux point y comprendre la lumière, la chaleur, l'eau ni l'air atmosphérique, ni même la terre, en tant que celle-ci n'est que le soutien des racines ou un réservoir d'eau.

Tout cultivateur attentif cherche à employer, de la manière la plus profitable, la totalité de l'engrais qu'il peut avoir à sa disposition. Pour estimer quel sera le mode d'emploi le plus profitable, il faut nécessairement qu'il se crée quelque théorie, qu'il se forme quelque conjecture sur l'engrais même, et sur la manière dont celui-ci contribue à la végétation.

Mais les théories, à cet égard, sont tellement variées, que, nonobstant l'antiquité du sujet, il ne serait pas facile de trouver deux cultivateurs qui fussent d'accord, même relativement à quelques-uns des points principaux.

Et il faudra bien que les doutes qui ont donné et donnent encore lieu à ces différentes théories, durent plus ou moins, jusqu'à ce que les chimistes et les physiciens puissent nous expliquer, ( avec

plus d'exactitude qu'ils ne paraissent aujourd'hui capables de le faire) en quelle manière la végétation se
produit ou s'accroît par l'engrais, et conséquemment
qu'ils nous mettent en état de voir avec précision
ce que c'est que l'engrais en lui-même, et comment
l peut s'employer avec le plus d'efficacité.

En attendant, s'il ne nous est point donné d'établir une théorie exacte, basée sur la connaissance
des principes de la végétation et du mode dont
elle se trouve affectée par l'engrais, peut-être dans
cette multitude de théories diverses et contradic-
toires qui existent aujourd'hui, réussirons-nous à
écarter quelques doutes et à détruire quelques er-
reurs, en examinant ces mêmes théories, et en
les comparant soigneusement avec des faits bien
connus.

C'est pour cette partie moins brillante de l'ouvrage, que je me propose d'apporter mon faible
tribut, en développant les conjectures qui font la
base d'une de ces théories incomplettes ; de celle
à laquelle je conforme mon système d'agriculture,
considéré sous le rapport de l'engrais.

Toutes substances végétales, en état de dissolution,
semblent être, du moins à quelque période de leur
putréfaction, un engrais utile sur toutes les terres
et pour toutes les plantes.

En exceptant les os, la même chose est généralement, si non universellement vraie à l'égard des
substances animales, qui ne sont elles-mêmes, pour
la plus grande partie, que les débris des végétaux.

( 4 )

Il n'y a point de doute que la chaux, le gypse, la marne, les os, la cendre de bois, les écailles de poisson et d'autres substances n'aient produit, en certaines circonstances, des effets merveilleux, relativement à la végétation : mais outre qu'il est douteux que ces substances aient fertilisé la terre , comme engrais, dans le sens qu'on attache généralement à ce mot, leurs effets sont loin d'être universels , et une partie de notre surprise vient de ce que nous ne sommes pas habitués à voir ces résultats.

Peut-être n'y a-t-il rien qui soit, dans tous les cas, ou même généralement, un bon engrais, à l'exception des végétaux en état de putréfaction et de ces substances animales qui sont évidemment le produit de végétaux.

On ne saurait même dire que l'on ait toujours trouvé les os des animaux un bon engrais, quoiqu'ils puissent provenir de végétaux, mais dans un degré plus éloigné.

Or, puisque toutes substances végétales, exposées à la dissolution, font un engrais propre à toute espèce de plantes, et qu'il n'est point d'autre matière, dont nous ayons connaissance, qui soit universellement un engrais, il nous est permis de conjecturer ( je ne dirai pas de conclure ) que les végétaux en état de dissolution produisent leur effet en entrant par une voie quelconque dans la plante, de façon à constituer une partie de sa substance ; car puisque la plante qui croît actuellement, et dont le volume s'est augmenté au moyen de vieilles plantes en état de putréfaction, *a acquis quelque chose qui est maintenant en elle*, et qui sera utile à la végétation d'une plante à venir, nous pouvons présumer que ce principe acquis, maintenant renfermé dans sa substance, et dont elle se dépouillera au profit d'une végétation future, lui a été, en partie du moins, communiqué par les plantes employées à son propre accroissement. Ici la probabilité se fortifie par la considération que tous les végétaux en état de dissolution ( de quelqu'espèce qu'ils soient) paraissent faire un engrais propre à toutes les plantes; et toutes les plantes, autant que nos connaissances chimiques peuvent nous aider dans cette recherche, paraissent être composées des mêmes substances; il y a seulement quelque différence dans les propositions.

Mais quoique l'on ait raison de croire que l'engrais qui résulte de végétaux en dissolution, produit son effet au moyen d'une incorporation quelconque avec la plante, toujours est-il indubitable qu'il agit de façon à occasionner une accession d'autre matière à la plante en état de croissance, et qu'il augmente ainsi la végétation bien au-delà de la quantité qui pourrait entrer de l'engrais même dans la substance de la plante.

Tout cultivateur sait qu'une charretée du fumier de sa cour, mise dans de certaines terres, accroîtra la végétation des plantes qui peuvent s'y trouver, au-delà de ce qu'eût été cette végétation, s'il n'y avait

point eu de fumier; et cela, non dans la raison
unique de tout le fumier qu'il y a mis, mais dans
une raison double ou triple, en comprenant les
différentes récoltes sur lesquelles ce fumier peut
opérer; cependant on ne peut supposer que la totalité du fumier soit entrée dans les plantes, sans
dommage ou perte causée, soit par les vents, le
soleil et la pluie, soit par d'autres accidens. Ceci
semble prouver que les plantes sont capables d'occasionner une reproduction de végétation plus qu'é-
gale à elles-mêmes.

Que tel est le fait, et conséquemment que les
terres peuvent, par une végétation continue, devenir
plus fertiles, c'est ce que nous voyons dans toutes
les forêts.

Qu'on plante en chêne ou tout autre bois robuste,
une pièce de terre maigre; qu'on laisse croître ce
bois pendant cent ans; espace durant lequel on
emporte plutôt des végétaux de cette terre que l'on
n'y en amène; au bout de cette période, on trouvera sur chaque arpent une quantité de bois, qui,
pourri au degré convenable, suffirait pour rendre
plusieurs arpens bien plus fertiles que ne l'était d'a-
bord celui où l'on avait planté le bois; et la terre
elle-même, d'où le bois est enlevé, est infiniment
plus fertile qu'elle ne l'était au moment de la
plantation.

Cette augmentation de force végétative cependant a ses bornes, car dans les terres déja bien riches,
cette augmentation est moindre, et certainement il

se peut qu'un sol soit riche, au point que nulle addition d'engrais ait le pouvoir d'y augmenter en rien la végétation.

Quant à ces parties de végétaux en dissolution, qui s'incorporent avec les végétaux en état de croissance, ainsi qu'au mode de cette incorporation, nous n'avons sur ces points, comme sur toute autre partie du sujet, que des conjectures à offrir.

Il n'y a pas de partie d'une plante qui ne puisse être un besoin pour une autre, et ces parties sont en grand nombre.

Or, puisque les végétaux en dissolution constituent universellement un bon engrais, et que, dans l'état de putréfaction rapide, ils produisent un effet très-subit; puisqu'à l'aide de la terre, de la chaleur et de la lumière, ainsi que de l'air atmosphérique et de la pluie ( objets dont ils sont abondamment environnés ), ils agissent d'une manière si efficace qu'ils produisent tout l'effet qu'on peut attendre d'un engrais, c'est-à-dire, qu'ils fournissent en apparence à tous les besoins de la plante, nous pouvons d'après cela conjecturer que, dans les végétaux en dissolution, toutes les parties dont la plante nouvelle peut avoir besoin, y entrent dans une proportion plus ou moins grande et sont utiles comme engrais. J'ai dit toutes les parties dont la plante nouvelle peut avoir besoin, attendu qu'environnée d'air atmosphérique, de terre et d'eau, elle ne peut, sous ce rapport, être redevable à l'engrais, et ce n'est que lorsque la plante est environnée de ces objets, et d'ailleurs fournie de la lumière et de la chaleur du soleil, que les végétaux en dissolution viennent à complètter tout ce qui lui manque et rendent la reproduction parfaite.

Il n'y a pas de doute que la terre et l'atmosphère ne contiennent tout ce qui entre dans une plante; mais aussi par-tout où l'engrais devient nécessaire, il manque certainement quelque chose, ou sous le rapport de la quantité, ou relativement à la forme.

Tous les végétaux, déja putréfiés, si on les garde à l'air dans un état de fermentation, donnent bientôt des marques d'une exhalaison qui se fait en forme de gaz, et pendant une fermentation violente, la quantité de la masse éprouve une diminution rapide.

J'ai fait couper une certaine quantité de paille, tandis qu'à quelques égards elle était encore verte; je l'ai exposée à l'air dans un vase qui empêchait toute perte par l'écoulement du peu d'eau dont on mouillait quelquefois la paille, que d'ailleurs on avait soin de remuer de tems en tems, pour hâter la putréfaction. Dans le cours d'un été, j'ai vu qu'elle s'est trouvée réduite à l'apparence d'un terreau, que l'on aurait à peine regardé comme propre à servir d'engrais : mais bien avant la fin de l'été suivant, il ne restait plus, et en très-petite quantité, qu'une terre qui paraissait extrêmement maigre, et absolument inutile comme engrais; tout ce qui aurait pu, sous ce rapport, être de quelque valeur, s'était évaporé.

La facilité avec laquelle tous les végétaux en dissolution s'échappent sous la forme de gaz, peut
bien faire soupçonner que c'est aussi sous cette
forme, et par la tige et les feuilles, qu'ils s'intro-
duisent dans les plantes croissantes, puisque ce sont
ces parties qui se trouvent exposées à l'air.

Il n'est pas improbable que c'est-là ce qui arrive,
du moins à un certain degré et dans quelques périodes de la végétation, et sur-tout relativement à
quelques gaz . mais je doute beaucoup que ce soit
par un semblable procédé que la partie principale
de l'engrais s'introduit dans la plante nouvelle.

Ce doute, ou plutôt mon opinion du contraire,
se fonde en partie sur des observations relatives
à la structure des plantes, et en partie sur des
remarques au sujet des résultats de l'engrais appliqué
sous différentes formes ; mais je l'avouerai, ces
observations sont trop incomplettes pour en déduire
des conséquences satisfaisantes sur l'objet de la
question.

D'un autre côté, cette opinion est aussi fondée
en partie sur des observations familières à tout le
monde.

Il arrive fréquemment aux cultivateurs de garder
leur engrais dans la partie la plus basse de la cour,
où se fixent et l'eau des pluies d'hiver, et celle qui
s'épand autour du puits ou de la source dont leur
cour est pourvue.

Cette eau où se trouve amoncelé tout l'engrais,
devient noire au printems, avant que le fumier ne

s'enlève, et elle porte des marques bien visibles d'être fortement imprégnée de tous ces végétaux en dissolution que l'on y avait placés pour leur faire subir une putréfaction entière.

Or, toutes les matières que contient l'engrais, se seraient, au bout de quelque tems, échappées sous la forme de gaz, s'il n'y avait point-là un amas d'eau pour les saisir.

Nous voyons bien cependant que l'eau a saisi ces matières et vraisemblablement après qu'elles avaient déja été converties en gaz. Effectivement, si l'on emporte ce fumier avant que l'eau ne se soit écoulée ou évaporée, on verra que la partie des matériaux qui est restée constamment sous l'eau, se trouve en apparence presqu'aussi saine qu'au moment où ces matériaux y avaient été déposés. Il semblerait donc que cette imprégnation est venue principalement de la partie de l'engrais qui est restée au dessus de l'eau, qui s'est pourrie et s'est échappée en gaz. Peut-être serait-il impossible d'obtenir dans l'eau cette même apparence, si on y voulait tenir ces végétaux dans un état d'immersion totale.

Mais, s'il paraît que dans ces dégagemens, sous forme de gaz, qu'opère l'état de putréfaction des végétaux, il se trouve quelques parties, sinon toutes, dont l'eau s'empare plus fortement que l'air, ( du moins pour tout le tems que l'eau n'en est pas surchargée ) il est toujours hors de doute que la terre saisit et retient la totalité de ces parties, beaucoup plus vivement que l'eau, et sur-tout si la terre est couverte de plantes en croissance.

Que l'on arrose souvent un coin de terre particulier de cette eau de basse-cour dont nous avons parlé, et bientôt cette terre deviendra extrêmement fertile. La même chose aura lieu, si, durant quelque tems, on dépose sur la surface de la terre un amas de végétaux en dissolution, et qu'ensuite on enlève tout ce qui reste ; on trouvera la terre fécondée jusqu'à la profondeur de quelques pouces.

Mais ni dans l'un ni l'autre cas, l'eau ne saurait porter à une profondeur considérable aucun des principes fécondans que lui a communiqué l'engrais. Tout est saisi à la surface, ou bien près de la surface et se transmet de-là à la végétation.

Il n'y a pas de cultivateur, si par hasard il a été forcé de jeter sur la surface cette partie du sol placée au dessous de la petite couche végétale dont se compose la superficie de son champ, qui n'ait trouvé cette terre nouvelle pour long-tems opiniâtrement stérile.

Les forêts de l'Amérique septentrionale, qui étaient restées intactes pendant des siècles, avaient acquis, par la putréfaction continuelle de leurs propres végétaux, une fertilité si extraordinaire, qu'à l'arrivée des colons européens, il n'y avait pas un seul arpent du sol, ( si, à tous autres égards, il convenait au blé ) qui ne possédât la fertilité nécessaire pour donner une récolte abondante de ce grain, et peut-être une seconde et une troisième ; cependant l'eau qui, durant tout ce laps de tems, s'était constamment infiltrée dans la terre, n'y avait point porté les principes fécondans à une profondeur plus grande qu'on ne les trouve dans tout autre pays.

Il y a plus, et c'est une particularité remarquable, les terres légères et ouvertes, celles composées de gravier ou de sable, à travers lesquelles l'eau se fait le plus aisément un passage, et devrait, si l'on en jugeait d'après les principes de la filtration, porter le plus de matières hétérogènes ; ces terres légères, dis-je, ont généralement leur couche végétale plus mince que les terres d'une contexture plus serrée.

Il est vrai qu'en diverses situations, cette couche végétale se trouve à la profondeur de plusieurs pieds ; mais c'est dans des vallées et autres endroits où elle a été apportée, soit par l'eau, soit par d'autres moyens.

La surface de la terre semble être devenue le grand magasin de ces principes fécondans : et en disant qu'elle ne les cède pas facilement à l'eau, j'ai encore eu lieu, à cet égard, de fonder mon opinion sur les effets de l'inondation des prés ; usage que l'on n'a jamais regardé comme appauvrissant le sol, à moins que le courant ne fût assez fort pour emporter quelque chose de la surface. Mais quoique la terre retienne ces principes avec plus de tenacité que l'eau, elle s'en dégage très-abondamment pour les communiquer aux végétaux en état de croissance : c'est ce qui est évident par l'effet qu'ils produisent sur la végétation, dans tous les cas où la terre en est bien saturée, et par la manière rapide dont une forte végétation en épuise le sol.

Mais aussi, pour entrer dans les végétaux par les feuilles, il faut que ces principes fécondans passent d'abord, de la surface du sol à l'air, et puis dans les feuilles de la plante ; supposition que nous ne pouvons admettre, s'il est vrai que l'air les retient d'une manière si faible que l'eau les enlève, et que la terre les conserve avec une tenacité plus forte que celle même de l'eau.

Ajoutons que s'ils passaient à l'air pour entrer dans la plante, il y en aurait une grande partie qui serait emportée par les vents, et perdue à la végétation sur les lieux : ce qui est incompatible avec les effets étonnans qu'on les voit produire lorsqu'ils se trouvent abondamment dans le sol. D'un autre côté, si la chose était ainsi, nous verrions les effets de l'engrais, non-seulement sur les plantes que porterait la terre fumée, mais aussi à quelque distance sur les plantes du voisinage.

La probabilité donc est que la plus grande partie des principes fécondans que produit l'engrais, entre dans les plantes par les racines.

Mais s'il est vrai, dira-t-on, que tout cet effet de végétaux en dissolution sur des végétaux en état de croissance, vient de ce que les premiers entrent par les racines dans la plante nouvelle, et forment une partie de sa substance, d'où peut-il arriver qu'ils font plus que de se reproduire, de façon qu'une végétation continue tende à fertiliser la terre.

Quant aux deux parties de cette hypothèse , il me semble que la conjecture qui veut que les végétaux en dissolution entrent principalement par les racines , s'appuie de plus de raisons que cette autre relative au mode de leur opération , je veux dire , à leur amalgame avec la substance de la plante nouvelle.

Il est possible qu'avant d'entrer dans la plante , les végétaux dissous préparent d'autres articles nécessaires comme aliment. Il est peut-être encore plus probable qu'ils aident , dans les racines de la plante , à convertir les sucs en un état propre à la nourriture végétale , et que la plante absorbe par ce moyen , une plus grande quantité d'aliment; il est possible enfin qu'ils facilitent la circulation des sucs dans les organes de la plante , comme , dans un tube capillaire , le fluide électrique facilite le passage de l'eau.

Ajoutons une conjecture qui , si elle n'est pas plus probable que les précédentes , est au moins de nature à mériter plus particulièrement l'examen des cultivateurs.

Il n'est point du tout invraisemblable que les plantes aussi bien que les animaux éprouvent le besoin , ou du moins peuvent faire usage de différentes espèces d'alimens aux diverses époques de leur végétation.

Il est possible que pendant le tems où elles sortent de leur semence , et avant de paraître hors du sol , ou pour peu de jours après , leurs organes ne soient pas capables de recevoir certaines substances, qui, dans un état de végétation plus avancé, pourraient bien être leur meilleur aliment.

L'engrais, lorsqu'il est mis en terre avec les semences, ne manque pas de produire les résultats désirés d'une manière plus sûre et plus uniforme que si on l'emploie après que la plante a déja fait des progrès; sans doute, appliqué plus tard, il a souvent produit de grands résultats; mais je ne crois pas que dans cette application tardive, les cultivateurs en aient aussi uniformément retiré le bénéfice qu'ils en attendaient. Qu'il existe véritablement une différence de facultés dans les organes des plantes naissantes et ceux des plantes plus avancées en végétation, c'est ce qui m'a paru indiqué par une circonstance que des milliers de personnes ont dû observer aussi bien que moi. Un champ d'orge ou d'avoine, où les plantes viennent tout récemment de sortir de terre, et n'ont encore qu'une feuille, se voit dans une matinée d'été, tout reluisant des gouttes d'une rosée abondante, quoique sur des plantes plus avancées, on n'apperçoive rien de semblable; et cela même, lorsqu'il y a eu si peu de rosée, que la terre et les pierres paraissent d'une sécheresse qui augmente notre étonnement; car on ne peut guère se rendre raison de cette quantité de gouttes, qu'en supposant que toute la rosée du champ se trouve rassemblée sur ces feuilles.

Il est donc possible que l'abondance des gaz, fournis par les végétaux en dissolution, soit d'un secours très-essentiel aux plantes dans les premiers degrés de leur croissance, et qu'elle leur communique la force nécessaire pour arriver en vigueur à un état de végétation plus avancé ; mais que parvenues à ce point, elles profitent assez de ce qui est contenu dans le sol ou dans l'atmosphère, pour ne plus exiger et consumer qu'une très-petite partie des gaz de l'engrais.

Si cela est ainsi, nous pourrons peut-être en venir à décider la question relativement à l'utilité de saupoudrer les terres après que les plantes ont déja acquis une certaine force de végétation.

Dirai-je que jamais il ne m'a paru démontré qu'il fallût, selon la différence des terres, une différence dans la nature des engrais, ni même qu'à des plantes différentes, il fallût un engrais d'une différente nature ; je sais qu'en le disant je paraîtrais à beaucoup de personnes n'avoir qu'une connaissance bien superficielle de l'agriculture.

L'opinion contraire est precisément la plus accréditée, et celle qui forme la base principale de cette multitude de théories différentes au sujet de l'engrais.

Il est peut-être difficile de spécifier ce que les cultivateurs entendent par un engrais chaud et un engrais froid, ou même par des terres froides et des terres chaudes, à moins qu'un sol humide ne soit considéré comme froid, et un sol sec et léger comme chaud.

Il en est de même des engrais : les intestins des moutons proportionnellement trés-long, et les estomacs chauds des pigeons , sont cause que leur fiente est rendue dans un état très - consommé et qu'elle est dépourvue d'eau , pendant que celle des bœufs et des vaches se trouve et moins consommée et plus humide. L'une se nomme chaude et l'autre froide.

Mais si les conjectures qui précèdent , sont justes , il paraîtrait que la fiente de tous ces animaux , considérée comme engrais , et que même tous les engrais, ( ceux du moins dont nous avons parlé jusqu'à présent ) sont dans leur nature la même chose , d'autant que leurs effets résultent des gaz qui émanent des végétaux en dissolution. Or , il est probable que dans tous les végétaux , ces gaz sont les mêmes , avec quelque différence , et celle-là vraisemblablement bien légère , dans leurs proportions.

Il paraît même qu'il n'y a point de différence essentielle , ni dans la nature , ni dans les proportions de ces différens gaz qui émanent des substances végétales , dans les diverses périodes de leur putréfaction.

Il est vrai qu'à certaines époques de cette putréfaction , tous se dégagent plus rapidement que dans d'autres , si l'on suppose les végétaux en dissolution également situés sous le rapport de l'humidité , de la chaleur, etc.

Mais quoique des terrains différens puissent ne pas exiger un engrais de nature différente , il est possible qu'ils l'exigent sous différentes formes.

Un sol très-léger , ouvert et sabloneux consumera toute substance végétale en dissolution bien plus rapidement qu'une terre argileuse. Toute personne qui a eu occasion de planter des pieux dans un terrain sabloneux, sait qu'ils y périssent bien plutôt que dans l'argile.

On entend fréquemment des cultivateurs se plaindre de ce que l'engrais se perd aussi-tôt sur un sol sabloneux; et quelquefois ils vous disent que vu la nature déliée de ce sol, tout y passe dans la terre. Nous avons montré l'erreur de cette opinion : mais le fait est qu'en mettant sur de pareilles terres un engrais qui n'est que légèrement putréfié, on le voit se putréfier tout-à-fait et disparaître sous la forme de paille, ( tel qu'il avait été mis sur le sol) en moins peut-être de la moitié du tems que la chose aurait eu lieu sur une terre argileuse.

Il en est des plantes comme des terrains : quoique celles qui diffèrent par leur nature n'exigent point un engrais d'une espèce différente, elles peuvent l'exiger sous différentes formes.

Une plante bien mince par sa nature, ou qui, semblable à la carotte, reste long-tems faible dans la première période de sa croissance, veut un engrais qui se mêle intimément avec le sol. Est-elle d'une espèce qui commence et finit sa végétation dans une courte période, et sur-tout qui demande en même-tems une végétation forte, comme le concombre et le potiron? Il lui faut du fumier dans cet état où les principes fécondans s'en dégagent avec le plus de rapidité.

Les cultivateurs considèrent, en général, qu'il y a une économie essentielle à faire parquer leurs moutons sur la terre, et en ceci l'opinion commune est d'accord avec des expériences exactes ; cependant tout homme a dû remarquer que si le matin on se donnait la peine de ramasser toute la fiente d'un parc de 200 moutons, il n'y aurait guère que quelques pelletées à recueillir ; quantité insuffisante pour fumer la huitième partie de la terre où parquait ce nombre d'animaux ; et quant au peu d'urine qu'ils auraient laissée, elle ne serait, comme la fiente, que d'une bien médiocre importance.

La vérité est que ces animaux ne laissent que peu de fiente et d'urine.

Leurs alimens s'exhalent par la perspiration et la respiration ; et c'est ce qui rend l'usage de parquer d'une si grande importance. La terre se saisit des gaz qui émanent ainsi de leurs corps ; elle les retient jusqu'à ce qu'une végétation quelconque vienne les lui enlever à son profit. Mais presque tout le gaz s'exhale en pure perte, si les moutons restent enfermés dans une bergerie ou dans la basse-cour.

Mais on dira peut-être : si toutes sortes de fumiers ne sont que les mêmes par leur nature ; si toutes fournissent les mêmes principes fécondans, où est donc l'avantage des assolemens, puisque vous présumez que toutes les plantes ont besoin d'alimens de même nature ?

Il peut bien être vrai que toutes les plantes aient besoin de chacune des substances qui entrent dans une plante quelconque ; mais il n'est pas probable qu'elles en aient besoin précisément dans les mêmes proportions.

Les disproportions peuvent, à cet égard, se trouver

si petites , que , bien loin d'être d'aucune importance au cultivateur dans la distribution de son
fumier , il serait probablement impossible à un
chimiste ou naturaliste de distinguer les diverses
espèces de fumier qui fournissent, dans la proportion la plus exacte , les divers principes de fertilité que demande une récolte particulière ; mais
encore que nous soyons incapables de démêler ces
proportions, nous pouvons bien concevoir qu'après
que le sol a été épuisé par une récolte de blé, au
point qu'une seconde récolte n'y trouverait pas ses
alimens dans les proportions convenables , il est
toujours possible que les organes du trèfle y découvrent ce que la chimie y chercherait en vain ;
savoir, qu'il reste encore dans la terre une dûe
proportion des différentes substances dont le trèfle
a besoin.

Pour les végétaux qui ont les racines fibreuses et
rampantes, il est possible que les principes fécondans,
nécessaires dans la proportion la plus forte, se trouvent à la partie supérieure de cette couche végétale dont se compose la superficie, tandis que les
principes nécessaires aux plantes qui pivotent,
gissent en plus grande proportion dans la partie
inférieure ; mais quand ces principes seraient tous
mêlés en proportions égales dans toutes les parties
de cette couche ( ce qui est peut-être la conjecture
la plus probable, relativement aux terres frequem-
ment labourées ), il est toujours vrai qu'une racine
qui pivote, les trouverait encore après l'épuisement

du sol par des végétaux d'une racine moins pro-
fonde ; et cela seul justifierait l'usage et établirait
la nécessité des assolemens.

Jusqu'ici j'ai évité d'employer le langage de la
chimie, non que je regarde cette science comme
ne pouvant être d'aucune utilité dans nos recherches,
mais par la raison, 1°. que c'est une langue qui ne
serait point familière à la généralité des cultivateurs;
2°. parce qu'il est bien permis aux physiciens mêmes
de soupçonner que les organes de la végétation
peuvent produire des combinaisons et exiger des
analyses tout - à - fait inconnues à la chimie; que
l'on peut croire d'après cela qu'il faut pour le dé-
veloppement des plantes quelques substances dont
la chimie n'a point encore fait la découverte, dont
nous n'avons aucune idée, et pour lesquelles il n'y
a pas en conséquence un nom; enfin, qu'un jour
l'on peut trouver que les gaz regardés par nous,
comme uniformément les mêmes et comme simples,
ne le sont pas réellement plus que cet air atmosphérique, mis par nos pères au nombre des quatre
ou cinq élémens.

Cependant il est bon de remarquer que dans
tous les végétaux il se trouve une portion de carbone si considérable, qu'on peut en quelque façon
le regarder comme leur base.

Ce carbone ne se dissout dans l'eau et ne s'y
amalgame que très-difficilement, à moins qu'il ne
soit converti en gaz, ce qu'opère la putréfaction.

Il est aussi reconnu que cette eau de basse-cour,

dont nous avons déja parlé, contient une très-grande quantité de l'acide carbonique, et cette eau fait un bon engrais.

Ces circonstances, ainsi que d'autres dont l'examen nous mènerait trop loin, me font présumer que c'est principalement ( mais non pas exclusivement) au moyen de l'acide carbonique qui se dégage des végétaux en état de dissolution, que ces derniers sont utiles comme engrais.

Je présente cette idée comme base préparatoire sur laquelle nous fonderons quelques conjectures relativement à cette classe d'engrais qui ne sont point des substances végétales, et spécialement sous le rapport de leur opération.

On sait que la plupart de ces matières consistent en terres calcaires sous différentes formes. Quoique la terre calcaire se trouve dans toutes les plantes, elle s'y trouve en si petite quantité, que nous ne pouvons guère supposer qu'il y ait un sol cultivé, assez dépourvu de cette matière pour ne point fournir tout ce que les plantes en peuvent exiger. Il n'est donc point probable que ce soit en fournissant la terre calcaire que cette classe d'engrais produit son effet sur la végétation. Mais aussi ces mêmes substances (soit qu'on les trouve exposées à l'air ou sous la surface du sol ) contiennent toutes ou réunissent à elles une portion considérable d'acide carbonique, qui, par une chaleur artificielle plus ou moins grande, peut se dégager de la terre calcaire, mais qui sera de nouveau ramassée par cette substance et s'y trouvera réunie, si on la laisse exposée à l'air ou enfouie sous la surface du sol.

Mais il est probable que, d'après les variations du chaud au froid, de l'humide au sec dans l'atmosphère, les substances, dont il s'agit, tantôt se dégagent du carbone et tantôt le reprennent, toujours en raison de ces changemens du tems : or, si l'acide carbonique ( comme on peut le présumer ) est une des principales causes qui donne aux végétaux en dissolution leur effet comme engrais ; et si ( comme on peut aussi le croire ) une petite quantité de cet acide est plus importante à une certaine période de la végétation que ne le serait une quantité plus considérable à une autre période, il n'est point impossible que ces matières calcaires, donnant et reprenant tour-à-tour le carbone, aient produit en quelques occasions de grands résultats comme engrais, tandis qu'elles n'en ont produit aucun dans d'autres épreuves ; et cela, parce qu'il peut quelquefois leur arriver de fournir l'acide carbonique au moment où la plante en a besoin, et de ne point le reprendre jusqu'à ce qu'il ne soit plus nécessaire à la végétation, pendant qu'en d'autres circonstances, leur opération peut bien être l'inverse, et nuisible plutôt qu'avantageuse.

Il est possible que leur effet soit venu quelquefois de ce qu'elles ont hâté la putréfaction des végétaux qui se sont trouvés sur le sol.

Il est encore une circonstance qui mérite quelqu'attention. Dans toute cette classe d'engrais, il n'y a point d'objet aussi remarquable par ses grands effets que les coquillages et particuliérement les coquilles fines du petit poisson.

Toutes les matières calcaires contiennent vraisem-blablement une portion de phosphore, article qui entre dans toutes les plantes, et qui, on peut le croire, est aussi simple que le carbone.

Mais de tous ces engrais, il n'y en a point qui contiennent en aucune manière autant de phosphore que les coquillages, dont le tems n'a pas encore assez changé la substance pour les en dépouiller par l'acide carbonique. Or, les masses de ces petites coquilles tendres n'ont pu avoir une durée suffisante pour leur faire perdre cette portion de phosphore, et il est possible que ce soit le principe qui devient en elles le plus efficace.

Dans ce que nous venons de dire, au sujet de cette classe d'engrais, nous avons seulement eu in-tention d'offrir quelques conjectures au milieu d'une multitude d'autres qui se présenteront à l'esprit : mais jusqu'à ce que nous ayons plus de faits et d'observations, il nous sera impossible de prononcer sur le mérite d'aucune de ces hypothèses.

Mais il sera permis à un individu qui, après un grand nombre d'expériences faites par lui-même sur la terre calcaire comme engrais, n'a pu en retirer aucun bénéfice, de parler avec moins de confiance du mode d'opérer de cette classe, qu'il ne l'a fait au sujet des substances dont il n'a jamais vu l'effi-cacité en défaut.

D'après une théorie de cette nature, si toutefois il nous convient d'honorer du nom de théorie des conjectures pareilles, il n'est pas difficile de voir quel système nous devons adopter.

1°. Toutes substances végétales, de quelque nature qu'elles soient, forment universellement un engrais profitable à toutes les terres et à toutes les plantes ; il en est de même de la fiente des animaux, et à l'exception des os peut-être, de toutes les substances animales. Il faut donc que de ces matières il n'y ait rien de perdu.

2°. Toutes ces substances produisent leur effet principal, sinon leur effet entier, au moyen des gaz qui émanent par la putréfaction. Nous avons vu qu'elles peuvent se dissoudre totalement de cette manière, ne laissant qu'une très-petite quantité de terre, inutile comme engrais. C'est donc faire une perte d'engrais réelle et essentielle que de garder aucune de ces substances en amas de fumier, ou autrement de hâter leur putréfaction ; il y a encore bien moins d'économie à tourner et retourner ces matériaux à l'air pour en accélérer la fermentation, d'autant qu'elle ne fait qu'en dégager plus rapidement les parties utiles. Il ne faut point sur-tout que l'on brûle ces substances, vu que les cendres ne contiennent qu'une très-petite partie des végétaux ; que le peu qui s'y trouve n'est probablement en aucune manière la partie la plus profitable comme engrais, ou du moins n'est pas sous la forme la plus utile. ( Et les mêmes motifs qui défendent de brûler ces substances végétales, doivent aussi proscrire la pratique de l'écabouage, à moins que celui-ci ne se fasse par des considérations étrangères à toute question d'engrais.) Au lieu de rester longtems hors de la terre, toutes ces substances devraient y être mises aussi-tôt que possible, c'est-à-dire, avant que la putréfaction ne commence ou dans ses premières périodes. Par cette raison, il ne faut jamais ramasser le chaume pour le transporter à la basse-cour et le convertir en fumier, à moins qu'il ne soit essentiel de transférer l'engrais du champ où se trouve le chaume à quelqu'autre champ, et même alors on ne doit pas le mettre d'abord dans la cour, à moins que les circonstances ne permettent pas de le porter directement où il est nécessaire. Mais pour les mauvaises herbes et autres végétaux, il faut les arracher des terres incultes où ils ne sont d'aucune utilité, et les transporter à la cour de la ferme, si les semences qu'ils peuvent contenir ou d'autres circonstances empêchent de les porter directement au champ.

5°. Par-tout où le cultivateur se trouve, par une raison quelconque, dans la nécessité de conserver son engrais ou les matériaux qui doivent le composer près de lui dans sa basse-cour, jusqu'au tems où cet engrais vient à acquérir un grand degré de putréfaction, il y a une économie réelle à y mêler de la terre, et de préférence une terre maigre. La substance terreuse saisira le gaz qui émane des végétaux en dissolution et elle le retiendra : mais il faut qu'elle soit mêlée à l'engrais dans la première période de sa putréfaction; c'est en ce cas seul peut-être et de cette manière seulement que les tas de fumier, composés de différens matériaux et si fréquemment recommandés, doivent se faire dans la culture générale.

Mais si, par une raison quelconque, l'on ajoute à ces tas de fumier, du gypse, de la chaux ou toute autre terre calcaire ( usage dont on a souvent vanté l'excellence), il y a une perte réelle à les y mêler dans leur état corrosif, c'est-à-dire, pendant que ces terres sont encore dépourvues d'air fixe, comme, par exemple, dans le cas de chaux vive. Ces matières se saturent alors des émanations du fumier, et le dépouillent d'une quantité de carbone qu'elles ne rendront plus au sol jusqu'à ce que la terre calcaire soit complettement dissoute dans l'eau, ce qui peut ne pas arriver pour un siècle.

4°. Il peut y avoir des terrains si ouverts et si légers, si graveleux, ou bien si compacts et si durs, comme dans les glaises, que le fumier y deviendrait presqu'inutile s'il y était mis avant qu'on n'eût trouvé les moyens de changer la contexture du sol. Ce serait donc une mauvaise économie de mettre du fumier sur de pareilles terres, lorsque le cultivateur en a d'une meilleure contexture qui peuvent avoir besoin d'engrais.

Mais la contexture des terres étant la même, l'engrais produira beaucoup plus d'effet sur un sol maigre que sur un sol préalablement fertilisé. Un terrain déja bien fumé, n'a guère besoin de l'être davantage, et il se peut qu'il soit assez riche pour que toute addition d'engrais y fût inutile; ainsi, il y a défaut d'économie à mettre continuellement tout l'engrais de la ferme sur quelques champs particuliers, et, par ce moyen, l'appliquer constamment aux parties qui en ont le moins besoin, tandis que d'autres plus maigres, mais d'une contexture également bonne, restent sans engrais. C'est une erreur de pratique très-commune.

5°. Nous avons vu que la végétation, toutes les fois qu'on laisse pourrir les plantes sur le sol, en augmente la fertilité; c'est par ce moyen, en grande partie, que les jachères, je n'en doute point, rétablissent u  sol épuisé.

On a donc tort, avant de semer les jachères, de les labourer plutôt qu'il ne faut pour détruire les mauvaises herbes qui pourraient nuire à la récolte, ou pour rendre la terre meuble et en état de recevoir les semences. On a tort de le faire, par deux raisons : 1°. c'est détruire, sans aucune nécessité, les plantes qui croissent sur le sol; 2°. en remettant la terre à l'air libre, les principes fécondans sont plus exposés à être emportés par les vents et d'autres variations de l'atmosphère qui, à la vérité, ne les enlèvent pas très-rapidement, mais qui le font toujours en quantité suffisante pour que la perte soit nuisible, sur-tout dans les terres bien riches.

6°. C'est une très-mauvaise économie d'enfermer les bestiaux dans l'étable pour faire de l'engrais, attendu que ce qui émane de leurs corps par la perspiration et la respiration, est perdu presqu'en totalité.

Par-tout où la santé des bestiaux et d'autres cir-constances le permettent, on doit les faire coucher sur le champ même qui a besoin de leur fumier.

7°. Il ne faut pas labourer plus profondément qu'il n'est nécessaire, parce qu'un tel labourage amène à la surface une terre qui n'a pas été imprégnée des prin-cipes fécondans de l'engrais, et qu'il recouvre trop celle qui en a été imprégnée.

Si, par quelque raison, il devient nécessaire de re-muer le sol à une profondeur considérable, comme il arrive pour les plantes qui ont les racines longues, cela doit se faire au moyen d'une machine semblable à une charrue sans roues, et dont on eût ôté l'oreille. Cette machine devrait suivre la charrue ordinaire, dans le même sillon, et remuer la terre à la profon-deur convenable, sans la rejetter sur la surface.

8°. Comme il paraît que l'effet de l'engrais sur les plantes se produit, avec plus de certitude et proba-blement à un plus grand degré, dans les premières périodes de la végétation, il faut donc mettre le fumier dans la terre en même-tems que les semences, ou avant les semailles, et ne point le réserver pour saupoudrer les plantes, quand elles sont déja avan-cées en végétation.

# POST-SCRIPTUM.

*Sur la méthode à suivre dans nos recherches relativement aux engrais, et particulière- ment sur les avantages que l'on peut se promettre de l'analyse des terres.*

L A Société d'agriculture n'a fait aucune observation qui fût particulière au précédent mémoire ; mais après avoir écarté trois mémoires sur dix qui lui avaient été adressés, elle dit : « Aucun des sept mémoires » restans n'a répondu complettement aux ques- » tions proposées, sur-tout à la première : *com- » ment les engrais agissent-ils en général ?* C'est » cependant de cette grande question que toutes les » autres dépendent ; il ne s'agissait pas, pour la ré- » soudre, de parler seulement de leur effet ordinaire, » il fallait établir par des expériences *comment ils* » *contribuaient à la nutrition des plantes, et* » *conséquemment quelles sont les substances* » *dont les plantes se nourrissent ?*

» La plupart des concurrens présentent des vues » théoriques, sans les lier aux faits ; ils n'ont point » tenté d'expériences directes, et ils ne se sont même » pas douté du véritable état de la question ; presque » tous ont cité vaguement ce que les anciens ont dit » des sels, des huiles, etc. ; ils devaient penser ce-

( 31 )

» pendant que la société connaissait suffisamment,
» ce qui a été dit si souvent depuis des siècles; ils
» paraissent ignorer les grandes découvertes mo-
» dernes sur l'analyse de l'eau et de l'air, etc.; ce
» sont néanmoins ces bases sur lesquelles on peut
» fonder la solution des questions proposées. »

Peu contente de tous les mémoires qui ont traité
ces questions, ( comme véritablement elle a eu raison
de l'être, si elle nous en a rendu un compte exact)
la société continue le même sujet de prix, en accordant
un terme de deux ans.

Elle fait plus; elle donne des instructions sur la
manière d'envisager le sujet. C'est ainsi qu'après
avoir indiqué Kirwan et d'autres auteurs, comme des
guides en cette carrière, elle rapporte, par manière
d'instruction, un passage de la correspondance d'un
de ses membres associés, où il est dit : « que ceux
» qui traiteront la question, se pénètrent bien de
» toute son importance; que leurs expériences se
» fassent en grand; *que les terrains sur lesquels*
» *ils opéreront, soient analysés avant de rien en-*
» *treprendre.* »

La société semble avoir décidé qu'il ne nous sera
jamais possible de savoir ni ce que c'est que l'engrais,
ni en quelle façon il nous faudra l'appliquer, à moins
que nous ne sachions en quoi consiste la nutrition
des plantes, et « *comment les engrais agissent,*
» GRANDE QUESTION, dit-elle, *dont toutes les autres*
» *dépendent.* » Enfin la société veut qu'à cet égard nos
expériences soient «basées sur une *analyse des terres.* »

Tel est le système auquel il faudra conformer toutes les recherches destinées à être la base des mémoires qui seront envoyés à ce concours.

Je suis loin de prétendre que ce système ne mène « au chemin de la vérité, » ou que nos recherches, dirigées d'une autre manière, puissent y conduire plus sûrement. Je me flatte même de l'espoir que la chimie pourra être fort utile à l'agriculture, et j'ai, sous ce rapport, beaucoup de respect pour quelques-uns d'entre les auteurs désignés par la société.

Mais comme cependant il n'est pas encore assuré que ce mode de recherches sera suivi de succès, je ne voudrais point que dès-à-présent l'on condamnât tout autre mode jusqu'ici adopté, relativement à la même poursuite, et sur-tout lorsqu'il a déja été obtenu quelques succès en de semblables occasions.

Les hommes, selon toute probabilité, ont assez bien distingué les objets propres à leur nourriture, et ont appris à en faire usage, avant de se douter de l'existence de l'estomac.

Il est vrai que, depuis que l'anatomie a découvert l'existence de cet organe, il a été ajouté à la liste des comestibles un petit nombre d'articles, tels que le sucre, il y a quelques siècles, et plus récemment les pommes de terre : mais je doute que ce soit à l'anatomie que nous devions ce surcroît de jouissances. Je doute même que nous comprenions mieux aujourd'hui l'action de la nourriture sur les organes de l'estomac, que nous ne comprenons celle de l'engrais sur les racines des plantes ; et cependant j'ose croire que nous n'ignorons point tout-à-fait les choses qui peuvent composer la nourriture de l'homme. S'il arrive même, par la suite des tems, que l'on ajoute à la masse actuelle de nos alimens quelques articles de quelqu'importance, il est vraisemblable, à mon avis, que nous les devrons plutôt à nos cuisiniers qu'à nos chimistes.

Or, si ignorant de quelle manière l'eau et le pain se convertissent en chair et en os, nous avons assez bien réussi à trouver les choses dont l'homme peut se nourrir, il est aussi possible que, sans comprendre par quel procédé le fumier d'une étable se change en blé et en paille, nous venions à découvrir ce qui peut faire un bon engrais pour les plantes.

Le public doit certainement beaucoup de reconnaissance à Kirwan et à d'autres chimistes pour leurs recherches basées sur l'analyse des terres; et cette reconnaissance n'est pas moins un devoir quand toutes ces recherches se termineraient par la conviction de leur inutilité.

Mais c'est beaucoup honorer le système de l'analyse, et limiter infiniment la sphère des recherches d'autrui, que de dire à tous ceux qui voudront s'occuper de cette question : « Vous déterminerez comment les engrais agissent, et vous analyserez les terrains sur lesquels vous opérerez; surtout, analysez avant de rien entreprendre. »

Hors du sein de la société, il n'est point passé en opinion universelle, ni même générale, qu'une analyse quelconque de la terre puisse fournir une donnée certaine pour juger de la fertilité d'un sol particulier ou de l'action de l'engrais sur ce même sol : bien moins est-il généralement admis que ce soit *l'unique donnée* sur cette matière.

Ce n'est point la surface du sol ( je veux dire cette partie ordinairement désignée sous le nom de sol végétal ) que l'on puisse se proposer de soumettre à l'analyse, ou du moins l'analyse ne s'appliquera point à ces parties, dont le sol tire la qualité que nous appellons végétale, car celles-ci ne sont que le résidu de végétaux en dissolution, qui, tous les jours et à toutes les heures, varient de quantité et de forme ; autant vaudrait-il chercher à analyser les opinions d'un homme d'état moderne.

Beaucoup de cultivateurs très-respectables ne regardent la terre autrement que comme un soutien pour les plantes et un réservoir d'eau, et peut-être à un certain degré, comme un réservoir d'air.

Ils savent bien que certaines terres entrent dans la composition des plantes ; mais ils n'ont pas la certitude que ces terres viennent de celles mêmes du sol. Cependant s'il en est ainsi, il leur est démontré qu'ils ne cultivent aucun sol, où, relativement aux terres qui se trouvent dans les végétaux, il n'y en ait une quantité infiniment plus grande que ce qui est nécessaire pour entrer dans les plantes ; et il ne leur est pas moins démontré que dans la supposition même où il n'y aurait pas eu originairement dans le sol une quantité suffisante de ces terres, ils ne pourraient y mettre aucun engrais qui n'en eût dans sa propre composition toute la quantité requise, attendu que tout engrais contient une portion au moins convenable de ces mêmes substances terreuses, et que celles-ci étant les moins sujettes à se volatiliser et à se perdre, se transportent avec l'engrais, et se déposent dans le sol en plus grande proportion que les autres principes fertilisans.

Ils n'ignorent point que certaines terres retiennent l'eau avec plus de ténacité que d'autres ; mais ils sont persuadés que cela ne vient pas entièrement d'aucune qualité du sol dont la chimie puisse rendre compte. La finesse ou la grossiéreté des particules constitutives du sol leur paraît en être une des principales causes.

Ils savent que tous les champs leur présentent du *silex*, sous forme de sable, parmi lequel ils découvrent des morceaux cent fois plus gros que d'autres; et ils regardent comme une chose très-probable, que les morceaux les plus petits se subdivisent encore dans de plus grandes variétés, toutes tellement fines qu'ils ne sauraient évaluer la grandeur de celles qui le sont moins; et cependant ils doutent que la chimie puisse trouver aucune différence de qualités dans leurs différens volumes : mais l'œil le moins exercé y verra une grande différence pour ce qui concerne la faculté de retenir les eaux.

Il leur paraît probable que les autres terres de toute espèce, celles mêmes qui sont assez fines pour n'être à leurs yeux qu'une poudre impalpable, peuvent varier de même en finesse et en grossiéreté, et peut-être dans une aussi grande proportion. Si une argile est plus dure qu'une autre, il leur paraît très-possible que cela vienne uniquement de la finesse des particules ; et ils se persuadent que cette différence de grain peut exister dans des terres où l'analyse n'en trouverait aucune, quoique la chose fût visible à tout potier ou même à tout cultivateur.

Mais pour ce qui regarde l'humidité et la sécheresse du sol, peut-être toutes ces différences ont-elles moins d'effet que la position de ces mêmes terres, relativement aux couches inférieures et au pays adjacent ; de façon que, dans cette multitude de causes agissantes, ils croient que s'il est dans les terres quelques qualités qui soient du domaine de la chimie, celle-ci ne saurait y faire aucunes découvertes dont on pût tirer de grands avantages pour décider la question de l'humidité ou de la fertilité d'un sol.

Il se peut que ces opinions soient mal fondées ; mais tant qu'elles seront aussi générales qu'elles paraissent aujourd'hui l'être, il me semble que la sagesse de la société d'agriculture doit lui interdire de donner des instructions qui limitent exclusivement ces recherches à un système opposé, à moins cependant que la société ne soit convaincue qu'elle a indiqué la vraie route, et, dans ce cas, elle eût rendu au public un très-grand service en accompagnant ses instructions de quelques preuves assez évidentes pour réduire au silence les incrédules.

Dans l'état actuel de l'opinion publique, il est

beaucoup de personnes qui , si elles se faisaient une tâche de trouver le genre de nourriture le plus propre à former un lourdaud de grosse corpulence , ou un danseur leste et agile, s'attendraient bien plutôt à réussir en observant la nourriture habituelle de cette classe d'hommes , qu'en faisant l'analyse de la tortue dont se nourrit un *alderman* de Londres, ou des ragoûts d'un de nos danseurs d'opéra ; et, par la même raison , l'analyse ne leur paraitrait pas le moyen le plus expéditif de découvrir le genre d'engrais qui produirait les plus gros choux. Mais, quant à toute analyse, non point de l'engrais, mais de la terre qui doit recevoir et l'engrais et le choux, ce procédé leur semblerait répondre non à l'analyse de la tortue de l'*alderman*, mais plutôt à celle de son fauteuil, ou peut-être de la marmite qui n'a été que le réservoir où cette soupe de tortue a été faite.

# AVANT-PROPOS.

C'est à regret que je livre à l'impression un mémoire écrit avec aussi peu de soin que celui qu'on va lire.

Ce mémoire a été présenté au concours qu'avait indiqué, pour l'an 10, la Société d'agriculture du département de la Seine.

La question qui en fait le sujet, est venue si tard à ma connaissance, que pour y travailler, j'ai eu seulement l'espace de trois ou quatre heures, et il en est résulté que le mémoire a été remis au concours tel qu'on le voit aujourd'hui imprimé.

Pour y mettre plus de clarté et en rendre la lecture moins fatigante, j'aurais bien voulu le recomposer, mais non point en changer la substance ; d'autant qu'il ne s'y trouve pas un seul fait, une opinion ou une conjecture, qui ne soient tels que j'entendais les offrir. Cela suffisait pour un mémoire soumis à une société savante qui devait réfléchir sur la question, et qui, d'ailleurs, si elle avait approuvé le fond de l'ouvrage, aurait donné à l'auteur l'occasion de le corriger, ou même de le refaire en entier avant de l'offrir au public.

Cet ouvrage toutefois est maintenant publié sous sa forme primitive, avec la seule omission de quel-

( 40 )

ques phrases préliminaires, qui ne se rapportent
point au fond de la question ; et il est publié
sous cette forme, pour que les remarques dont la
Société d'agriculture en a accompagné la mention,
( remarques qui se trouvent ci-jointes ) puissent
paraître dans toute leur force.

# SUR LES ASSOLEMENS.

La société d'agriculture du Département de la Seine ; demande :

« *Quelle est la meilleure manière d'altérer les* » *récoltes à l'usage du plus grand nombre de cul-* » *tivateurs, à l'effet de diminuer, autant qu'il est* » *possible, les jachères, suivant les différentes* » *natures des terres.* »

Cette question présente au moins l'avantage particulier pour celui qui la traite, que les recherches et l'expérience ne pouvant être faites que sur les cultures qui sont le plus généralement en usage, les faits qui s'y rapportent doivent être très-familiers et connus.

Cette circonstance dispense d'ailleurs l'écrivain d'entrer dans aucun détail ou calcul minutieux relatif aux prix des différens articles qui composent les récoltes dont il s'agit; car l'assolement qui, à dépense égale, tend à produire plus sûrement la plus grande quantité de ces récoltes, peut, sans danger d'aucune erreur bien considérable, être regardé comme le meilleur, sur-tout si l'on a eu soin de ne pas sacrifier

essentiellement la récolte la plus précieuse à l'accroissement des autres.

En traitant cette question, il est essentiel sur-tout
d'exclure toute solution qui exigerait l'acquisition
d'engrais étranger à la ferme; car en discutant la
culture en général, on ne saurait faire entrer dans le
calcul l'achat d'une matière pour laquelle il n'y aurait souvent pas de vendeur.

Peut-être même n'entrerait-il pas dans l'esprit de
la question de proposer un assolement basé sur une
augmentation de bestiaux différente de beaucoup de
la proportion actuellement existante entre la nourriture destinée aux hommes et celle consacrée au
bétail; car une pareille augmentation de bestiaux
exigerait, non-seulement un changement total dans
l'état actuel de notre agriculture, mais encore un
changement pareil dans la demande de nos consommateurs; mais je présume que la société ne serait
point ennemie de quelques changemens à cet égard.

En prenant pour base ces limites qui paraissent
conformes aux vues de la société, les principaux objets que doit se proposer le cultivateur, en alternant
ses récoltes; sont :

1°. De faire suivre les différens articles de manière qu'une récolte ne rende pas la terre incapable
de produire la suivante, en épuisant le sol de ce qui
est nécessaire pour produire la végétation à laquelle
on la destine.

Tout cultivateur, par exemple, sait que quelques
récoltes, et notamment celle du blé, ordinairement

la plus importante d'une ferme, ne sauraient se succéder deux années de suite, sur le même terrain,
sans que la seconde soit extrêmement médiocre. La
tentative même de faire succéder une récolte de
blé à une autre de seigle, d'orge ou d'avoine, aurait aussi peu de succès.

Mais quoique tous ces grains rendent la terre incapable de produire du blé l'année suivante, l'expérience constante prouve que plusieurs plantes à racines
pivotantes n'ont pas cet effet. Nombre d'agriculteurs,
les plus respectables, loin de considérer ces plantes
comme détériorant leurs terres, les regardent comme
le meilleur préparatif qu'ils puissent leur donner
pour les rendre propres à la culture du blé. Quelle
que soit, au reste, la différence des opinions sur le
plus ou moins de désavantage d'une récolte sur
l'autre, tous conviennent qu'une récolte quelconque
d'une de ces graines, est une très-mauvaise préparation pour une récolte suivante de la même
espèce ;

2°. De faire suivre les récoltes de manière que
le fumier de la ferme soit employé de la manière la
plus avantageuse, et consacré particulièrement à la
récolte la plus productive.

Le blé, par exemple, étant généralement regardé
comme la récolte la plus productive, la plupart des
cultivateurs tâchent de réserver pour elle le fumier
de leur ferme. Cette méthode cependant entraîne
l'inconvénient extrêmement grave de produire une
grande quantité de mauvaises herbes, à moins qu'on

ne puisse enterrer le fumier par le labour, assez de tems avant les semailles, pour que les mauvaises herbes, dont les graines sont contenues dans le fumier, végètent à tems, et puissent être détruites par un second, et peut-être même par un troisième labour fait avant l'époque des semailles du blé.

Mais ces labours répétés à des distances aussi éloignées l'une de l'autre, ne sauraient guère avoir lieu que dans les terres qui, pendant l'été, ont été en état de jachère; circonstance incompatible avec la question proposée;

3°. De faire suivre les récoltes de manière que l'une ne rende pas la terre impropre pour la suivante, en produisant de mauvaises herbes, soit par la durée du tems où elles restent en terre, soit par d'autres circonstances indépendantes du fumier. Différentes récoltes produisent, à cet égard, des effets très-différens, ainsi que nous verrons par la suite;

4°. De faire suivre les récoltes de manière à éviter des labours inutiles et autres dépenses extraordinaires.

Les labours, quand il faut les répéter plusieurs fois, pour une seule récolte, occasionnent au cultivateur des dépenses considérables, et dans les assolemens destinés à exclure les jachères, le tems des semailles, pour la récolte à venir, suit de si près la moisson précédente, que la nécessité d'une répétition de labours, indépendamment des frais, devient souvent très-incommode au cultivateur, et particulièrement s'il se voit interrompu dans ses travaux par un tems défavorable, quand ce ne serait même que pour quelques jours, accident qui n'est pas rare au printems et en automne, ces deux principales saisons des semailles.

Peut-être serait-ce porter trop loin nos recherches ( par rapport à l'objet de cette question ) que d'examiner si des labours répétés ne tendent pas aussi, en de certaines circonstances au moins, à épuiser la fertilité du sol, et sur-tout dans les cas où le terrain est fortement engraissé de fumier.

C'est par égard aux quatre considérations précédentes que l'on a adopté le cours d'assolement suivant.

Il consiste en une alternation de quatre récoltes ou soles que l'on désignera par les noms ci-dessous. Les observations que l'on fera sur chaque article, expliqueront le sens plus ou moins étendu de chaque dénomination.

1°. Pommes de terre.
2°. Avoine ou orge.
3°. Trèfle.
4°. Blé.

Dans la première de ces récoltes que nous appellons la récolte des pommes de terre, se comprennent non-seulement cette racine, mais les carottes, panais, betteraves, turneps, choux, et, en certaines circonstances, d'autres articles.

Tous ces articles se plantent au printems ou en été ; ils exigent tous du fumier, et il faut employer à cette récolte la totalité de l'engrais de la ferme. Le caractère marquant de cette récolte est qu'elle demande à être houée pendant sa croissance, et cette opération débarrasse entièrement le sol des mauvaises herbes qu'autrement le fumier ne manquerait pas de produire, quelle que fût la nature de la récolte où il se trouvât employé.

De tous les articles que l'occasion peut faire entrer dans cette récolte, les pommes de terre et les turneps seront probablement d'un emploi de beaucoup le plus général : le choix, à cet égard, dépendra, pour l'ordinaire, du sol, de la quantité et de la nature du fumier que peut avoir le cultivateur, ainsi que de l'époque où ce fumier sera prêt.

Les pommes de terre réussissent plantées sur le fumier au moment où il est retiré des étables, et quand même il ne serait que très-peu consommé : sous ce rapport, elles ont un avantage sur les turneps. Il faut les planter de plus bonne heure que ces derniers : mais aussi, elles admettent une latitude considérable relativement au tems de la plantation, et en les mettant par rayons à quelque distance les uns des autres ( le fumier étant placé dans les rayons ) elles exigent moins de fumier par arpent, qu'aucun des articles dont il a été parlé. C'est une considération qui ne sera pas quelquefois sans importance pour le cultivateur ; car s'il a occasion d'amender quelque partie de sa ferme avec une abondance extraordinaire, il aura besoin d'épandre son fumier sur d'autres parties, d'une manière moins prodigue.

Il est peu de terrains qui ne puissent admettre la culture des turneps, pouvu qu'il y ait assez d'engrais, et, sous ce rapport, ils peuvent avoir un avantage sur les pommes de terre ; mais, d'un autre côté, ils sont bien plus exposés à périr par des insectes ou par la sécheresse, et, en général, ils donnent une récolte de moins de valeur. Cependant si l'on considère qu'ils sont de nature à rester en plein champ, qu'ils épargnent au cultivateur les frais de dépouille et du transport en grange, on trouvera qu'ils sont bien moins coûteux par arpent.

Les carottes et les panais exigent un sol léger et profond ; elles restent si long-tems dans l'état de plante mince et faible, qu'il est essentiel que le fumier soit bien consommé, assez fin pour se mêler avec le sol, et exempt de toutes semences de mauvaises herbes.

Lorsqu'il arrive que toutes les circonstances nécessaires se réunissent pour favoriser ces articles, ils excèdent de beaucoup en valeur tous les autres dont nous avons parlé, comme faisant partie de cette récolte.

Mais quels que soient les articles dont se compose cette première récolte, il faut que l'on y emploie tout le fumier de la ferme, de manière à laisser le sol bien amendé, et que l'on fasse houer les récoltes de façon à dégager ce même sol de toutes mauvaises herbes.

2°. Avoine. — La seconde récolte consiste en

avoine pour les terres fortes, et en orge pour les terres légères et sabloneuses, mais que ce soit l'une ou l'autre, il faut que la semence de trèfle s'y joigne.

L'avoine et l'orge d'hiver produisent ordinairement des récoltes plus abondantes que la graine printanière de l'une ou l'autre de ces espèces, et lorsqu'elles succèdent à des carottes ou à des pommes de terre, le sol se trouve dans le meilleur état possible pour les semailles, du moment que ces racines en sont retirées ; il ne faut aucun labour ; il suffit au cultivateur de herser le champ, et dans les terres un peu trop sèches pour le trèfle, celui-ci réussira mieux, semé en automne, ce que permet toujours cet usage de semer l'avoine et l'orge d'hiver à la suite des pommes terre et des carottes. Si le sol est plus humide, le trèfle se sème au printems, et on l'enterre au moyen du rouleau ; et dans le cas même où l'on a semé l'avoine du printems, il faudra, si le sol est humide, et sous tous les rapports favorables à la croissance du trèfle, que ce dernier n'y soit mis avant que l'avoine n'ait déja pendant quelques jours paru hors de terre ; car, dans un sol pareil, ce trèfle, s'il est semé en même-tems que l'avoine, pousserait avec une surabondance qui lui serait nuisible.

3°. Récolte de trèfle. Ce serait s'écarter de l'objet de la présente question, que d'entrer dans une discussion sur la manière dont il faudrait traiter cette récolte.

Mais soit qu'on la coupe pour être mangée en vert, ou qu'elle soit convertie en foin, ou réservée comme semence, l'on trouvera assez fréquemment que cette récolte ne produit pas moins de bénéfice net que toute autre de la ferme, sans même excepter le blé.

Comme dans cet assolement, le trèfle est destiné à servir de préparatif pour le blé, il importe qu'il ne soit pas mangé rase, et sur-tout dans les premiers mois de l'année. En effet, un avantage considérable de cette récolte vient de ce qu'une fois parvenue à une certaine hauteur, et au point de couvrir le sol, elle prévient la croissance des mauvaises herbes qui nuiraient à la récolte suivante, et plus particulièrement si l'on n'avait pas soin de houer le blé, usage qui n'est point du tout général en ce moment.

4°. Blé. — Dans les terres propres au blé, il n'y a point d'autre article qui doive entrer dans cette récolte; mais si le sol est trop léger et trop maigre pour le blé, il faut y substituer le seigle, et, dans quelques circonstances, l'orge, et sur-tout l'orge d'hiver. Cependant, il conviendra rarement de semer ou le seigle ou l'orge dans cet assolement; car terres trop sablonneuses, trop légères et maigres, pour admettre le blé, seront aussi, en général, peu propres au trèfle, et conséquemment ne produiront que peu de chose, soit dans cet assolement, soit dans tout autre.

Cet assolement offre la méthode la moins coû-

teuse d'améliorer de pareilles terres ; car non-seulement il donne l'occasion de faire plus de fumier
que la plupart des autres assolemens, mais encore
si l'on fait manger la récolte des turneps en plein
champ, et que l'on abandonne le mince avantage
de faire une ou deux fois une misérable récolte de
seigle ; si, au lieu de cette récolte, on en fait une
extraordinaire de turneps mangés en terre, le sol
( pourvu qu'il ne soit pas trop mauvais pour être de
quelque valeur ) deviendra suffisamment fertile pour
donner des récoltes de blé et de trèfle.

Le blé qui produit cette récolte se sème après un
seul labour qui ne fait que retourner la terre remplie
des vieilles racines de trèfle. Dans cette position,
les grandes racines du trèfle jointes à la forte végétation de l'été précédent, laisseront la terre généralement dans un meilleur état de culture avec
un seul labour, qu'elle ne l'eût été, comme jachère,
après deux, trois et même quatre façons, et personne ne s'avisera de douter que la terre ne soit plus
fertile, moins maigre qu'après une jachère labourée
pendant tout l'été.

Je regrette que ce ne soit pas ici le lieu de faire
quelques observations sur l'effet de la végétation,
relativement à la fertilisation ou à l'épuisement du
sol. Elles ne sont pas toutefois indispensables pour
traiter le sujet ; car il n'y a pas un membre de la
Société qui n'ait eu occasion de voir que le trèfle,
aussi fort qu'il doit être, étant semé sur une terre

préparée d'après notre assolement, est une préparation infiniment meilleure pour le blé qu'une jachère d'été.

Dans cet assolement-ci, la récolte de pommes de terre, qui comprend les navets et quelques autres articles, reçoit tout l'engrais de la ferme ; et le travail de la houe qu'exige cette culture, débarrasse la terre des mauvaises herbes et l'entretient nette. Elle se trouve alors dans le meilleur état possible pour l'avoine ou l'orge qui suivent, et sur-tout pour le trèfle qu'on semera avec ces derniers grains. La récolte suivante ( la troisième ) est le trèfle qui paraît alors sous tous les avantages possibles. Après cela vient le blé qu'on sème sur le vieux trèfle défriché, et par conséquent sur une terre riche, débarrassée de mauvaises herbes. Le blé étant une récolte qui épuise la terre, rien ne doit y succéder sans engrais ; en conséquence, l'assolement recommence par la récolte des patates qui suit celle du blé.

Par cet assolement, la quantité de fourages pour les bestiaux est tellement augmentée, qu'à l'exception de quelques terrains excessivement ingrats, il se trouve toujours suffisamment d'engrais pour fumer tout le sole des pommes de terre, c'est-à-dire, le quart de toutes les terres.

D'après les différens degrés de fertilité du sol, il faudra varier un peu la manière d'appliquer l'engrais.

C'est ainsi que là où l'on est dans l'usage de faire parquer, usage qui probablement continuera, le parcage aura lieu sur le terrain destiné aux navets, jusqu'à ce que ceux-ci soient semés , ce qui sera fait avant la fin de juillet, et après cette époque , on fera parquer jusqu'en automne sur le terrain semé en trèfle , qui doit être ensemencé en blé.

Si cependant il y avait abondance d'engrais sur la ferme, comme ce sera le cas si le terrain est bien bon, tout le parcage peut être appliqué au trèfle qu'on veut ensemencer en blé, car cette sorte d'engrais ne contenant que peu ou point de ces graines qui produisent de mauvaises herbes, on peut l'employer de cette manière sans avoir à craindre l'inconvénient général qui accompagne l'emploi du fumier d'étables pour la récolte des blés.

C'est ainsi encore que s'il y a un surplus d'engrais plus qu'il n'en faut pour la récolte des pommes de terre, on en pourra nétoyer une partie suffisamment en la débarrassant des semences des mauvaises herbes, pour qu'on puisse l'enterrer , en labourant , dans le terrain destiné au blé.

Il n'y a peut-être pas d'autre assolement qui entretienne la terre en aussi bon état avec aussi peu de labours.

La récolte des patates demande un seul labour. Dans le cas d'orge ou d'avoine d'hiver, on les sème aussi-tôt que les patates ou carottes sont retirées, tandis que la terre se trouve dans l'état le plus parfait de culture sans aucun labour quelconque. La troisième récolte , consistante en trèfle , n'exige aucun labour. Vient ensuite le blé qui se sème sur le vieux trèfle avec un seul labour. Voilà donc quatre récoltes qui n'exigent que deux labours , et cependant il n'y a pas une de ces récoltes dont la semence ne se trouve mise dans une terre parfaitement cultivée.

Dans le cas où la récolte , dite de patates , consiste en turneps ou en choux, et où l'avoine ou l'orge qui suivent , sont semés en printems , même après les patates ou carottes, il faudra donner une façon de plus pour l'avoine ou l'orge, ce qui fait trois labours au lieu de deux pour les quatre récoltes ; et j'en appelle à tout fermier expérimenté pour savoir s'il désirerait avoir plus de labours dans un pareil assolement.

Combien ce procédé ne diffère-t-il pas de l'usage ordinaire de cinq ou six labours pour les deux récoltes que nous avons en trois ans ! Et quelle différence entre le blé semé sur le vieux trèfle et celui semé sur une jachère ! Quelle différence entre l'avoine qui suit les pommes de terre et les navets, de celle qui suit le blé ! Quelle différence entre une récolte de trèfle qui suit une récolte de patates, et le produit d'une misérable jachère ! Quelle différence entre les mauvaises herbes d'un champ à demi-fumé avec de l'engrais enterré par le labour pour une récolte qu'on ne peut travailler avec la houe, et les mêmes herbes d'un champ bien fumé de patates bien entretenues avec la houe.

Des fermiers, en me voyant semer de l'orge ou de l'avoine d'hiver dans un champ dont je venais de tirer des patates ou carottes, m'ont souvent demandé pourquoi je n'y semais pas de suite du blé, la terre étant parfaitement bien préparée pour cette récolte qu'ils regardaient avec raison comme la plus profitable. C'est-là l'objection que j'ai entendu faire le plus fréquemment contre ce genre d'assolement. Voici ma réponse.

Je conviens que la terre est en bon état pour recevoir le blé, et je conviens encore qu'une récolte de blé est plus profitable qu'une d'orge ou d'avoine; mais je ne sème pas de suite du blé, parce que c'est une récolte qui épuise trop la terre, pour qu'elle soit bonne à produire après de l'avoine ou de l'orge, et encore moins du trèfle; en conséquence, je serais obligé de faire suivre ma récolte de blé d'une autre récolte fumée, et la récolte précédente ayant déja été fumée, cet assolement exigerait du fumier tous les deux ans, et ma terre, dans un assolement de cette espèce, bien loin de fournir du fumier tous les deux ans, ou pour la moitié de la ferme, ne fournirait pas la moitié de ce qu'il faudrait pour un assolement qui n'en exige qu'une fois tous les quatre ans. Je sais, par expérience, que l'observation fréquemment répétée, qui dit qu'un quart de la ferme avec un pareil assolement, produira plus de blé qu'un tiers n'en produit dans la pratique ordinaire où l'on sème le blé sur une jachère qui a été précédée par une récolte d'avoine après une de blé, n'est en aucune manière exagérée.

On objecte encore souvent contre cet assolement qu'il tend à augmenter trop la proportion de fourages pour les bestiaux, et à diminuer *comparativement* ( quoique pas d'une manière absolue ) la nourriture des hommes. Cette question a été si souvent et

si habilement discutée, que je ne rechercherai pas ici
si quelques inconvéniens réels résulteraient de cette
disproportion ; je me bornerai seulement à observer
que s'il résultait quelque disproportion de cette espèce de l'introduction générale de cette pratique, elle
se corrigerait bientôt d'elle-même sans qu'il fût nécessaire de changer d'assolement.

En effet, ce grand accroissement de bétail produirait un accroissement proportionnel d'engrais. Le
premier effet de cela serait que la quantité d'engrais
permettrait d'employer toute la partie qui ne produit
pas de mauvaises herbes à la récolte de blé, au lieu
de l'employer en entier à celle des pommes de terre ;
changement qui accroîtrait la quantité de blé. En
second lieu, si cette méthode fournissait une si grande
abondance de nourriture pour les bestiaux, les prairies hautes servant de pâturage, et les prés ordinaires
ne seraient plus nécessaires et pourraient être changés
en terres labourables.

Si cependant le bétail était encore trop abondant,
il y aurait une quantité d'engrais suffisante pour qu'on
pût, *de tems à autre*, semer du blé après les pommes
de terre, et puis de nouveau des pommes de terre
après le blé ; ensorte que le même champ, au lieu
de n'être fumé qu'une fois tous les quatre ans, le
serait une fois tous les deux ans.

Plusieurs personnes qui m'ont vu semer mes navets
après que j'eus commencé ou presque fini ma récolte
de blé, étaient d'avis que j'aurais pu les semer sur le
terrain que je venais de récolter, et me procurer par-

là quatre récoltes en trois ans, sans changer l'assolement.

Cela peut se pratiquer par fois, et plus souvent
dans les départemens méridionaux que dans le voisinage de Paris. Je suis loin de craindre que cette
méthode n'épuisât les terres, mais la pratique serait
toujours difficile.

D'abord, l'intervalle extrêmement court entre la
récolte du blé et les semailles des turneps, peut bien
quelquefois permettre au cultivateur d'exécuter cette
opération sur un champ isolé, quoiqu'il ne puisse la
pratiquer sur le quart de sa ferme ; mais rarement il
lui arrivera de pouvoir y donner quelqu'étendue.

Ajoutons que le fumier propre au turneps doit être
consommé à un degré que ne demandent point les
pommes de terre, et il est absolument impossible
qu'un cultivateur ait tout ce fumier prêt et en bon
état au moment précis, quand même il pourrait faire
l'ouvrage ; il arrivera aussi fréquemment que la terre,
à cette époque, se trouvera durcie au point que tout
labour y sera presqu'impossible, ou, s'il y a possibilité,
ce sera un labour tout-à-fait inutile.

Dans tout ceci je n'ai parlé d'aucun article à substituer au trèfle dans le troisième assolement, quoique
je n'ignore point qu'il est beaucoup de terrains où le
trèfle ne peut croître que difficilement.

Le motif de cette omission vient d'abord de ce
qu'il n'existe rien à ma connaissance qui puisse y être
généralement substitué, et l'objet de nos recherches

n'est point de découvrir ce qui peut être convenable à des situations particulières.

Mais j'ai encore un motif plus déterminant pour ne pas proposer ce remplacement; c'est qu'il est peu de terres qui semées de cette manière après une récolte bien fumée et bien houée, ne soient en état de produire du bon trèfle, et particulièrement si, dans les terres sèches, on a la précaution de les semer en automne avec l'orge d'hiver.

Il est des personnes qui s'étonneront que j'aie passé sous silence la luzerne et le sainfoin. -

J'estime beaucoup ces plantes, et je sais que le sainfoin réussira où le trèfle sera de nulle valeur ; mais aussi ces mêmes plantes arrivent si lentement à perfection, elles sont si vivaces, qu'il ne faudrait s'en servir que dans les prairies plus ou moins permanentes, et par ces raisons elles ne doivent point faire partie d'un assolement de terres de labour destinées à nous fournir le pain..

Je ne prétends nullement exclure l'usage occasionné de beaucoup de plantes dont je n'ai rien dit ; mais il n'en est point qui me paraissent aussi bien remplir les conditions d'un cours ordinaire d'assolement pour les cultivateurs en général.

---

# POST-SCRIPTUM.

*Sur les Observations présentées par la Société
d'agriculture du département de la Seine,
au sujet du précédent Mémoire. --Sur la différence des sols considérés par rapport aux
principes des assolemens. --- Sur la culture
de la mille-feuille.--Sur la difficulté de faire
entrer la luzerne ou le sainfoin dans un cours
d'assolement.*

Au sujet de ce mémoire , la Société d'agriculture
dit que « les principes généraux qu'il énonce sont,
» en général , basés sur des faits constatés par l'ex-
» périence des meilleurs praticiens ; » et plus loin,
à la suite de quelques observations critiques, elle
croit même devoir en faire mention honorable. «Mais
» aussi considérant que tous les mémoires envoyés
» au concours ouvert sur ce sujet, pendant deux an-
» nées consécutives, laissent peu d'espoir d'obtenir
» sur la question des assolemens des faits plus exacts,
» et des méthodes plus satisfaisantes que ce qui a
» été exposé à cet égard dans l'ouvrage du citoyen
» Pictet, elle a jugé convenable de ne pas soumettre
» cette question à un nouveau concours. »

Je suis fâché que la Société d'agriculture ait re-
noncé à toutes recherches ultérieures sur la question

des assolemens ; car c'en est une qui me paraît non-seulement importante , mais aussi susceptible d'une solution basée sur des principes clairs et simples , tels qu'ils puissent être reconnus de tout le monde , et mettre la chose hors de toute contestation.

Peut-être ne réussirons-nous pas d'abord, ni la Société ni moi, à découvrir et à expliquer ces principes ; mais, de l'examen des observations mêmes qu'a présentées la Société relativement au précédent mémoire, il pourra, j'espère, rejaillir quelque lumière sur ce sujet.

Personne ne contestera la justesse de cette observation de la Société ; savoir, « qu'une terre battue » par les pluies et foulée sous les pieds, doit être » labourée, si l'on veut en obtenir tout le produit » dont elle est susceptible. » — Il faut certainement que ce soit la faute du mémoire, si la Société a pu imaginer que j'avais recommandé une pratique contraire ; mais j'avoue que je ne puis y découvrir le passage particulier qui a pu donner lieu à cette interprétation erronée.

Il y est dit plusieurs fois que, dans les cas où l'avoine d'*hiver* ou l'orge d'*hiver* doivent succéder aux pommes de terre ou aux carottes, le sol remué par l'acte même de la dépouille de ces racines, se trouve bien labouré, et en excellent état pour recevoir des *semailles immédiates*. Il me semble que la Société n'a pu douter de la vérité de cette assertion. Plus loin, en calculant le nombre de labours qu'exigent les quatre récoltes de cette série, il est dit expressément que si l'orge ou l'avoine se sèment *au printems*, à la suite des pommes de terre ou des carottes, il faut alors que « le sol reçoive *une* « *façon de plus.* »

Si la Société d'agriculture avait le moyen de récolter de pareilles racines sans bien remuer la terre, il faudrait certainement qu'elle laboure le sol avant d'y jeter de nouvelles semences; mais ce moyen, je crois, ne sera pas trouvé de sitôt.

En parlant de la première sole, indiquée dans le mémoire, celle des objets fumés et houés, la Société ajoute cette observation : « S'il eût bien » calculé ce genre de culture, il eût trouvé plu— » sieurs inconvéniens dans la pratique, tels que le » défaut de bras ou celui de consommation, la dé— » pense, etc. »

Cette observation embrasse une multitude de points; mais elle est du reste si vague qu'elle paraît destinée plutôt à écarter la question qu'à la discuter; car, quelles que soient les difficultés dont il s'agit, la question suppose ou qu'elles n'existent point, ou qu'on peut les écarter. En effet, quant au défaut de consommation, par exemple, la question même marque, comme une chose reconnue, qu'il serait utile d'éviter les jachères dans la culture générale, et que l'augmentation de produits qui en serait le résultat, pourrait trouver des consommateurs ; sans cela, pourquoi la Société demanderait-elle les moyens d'obtenir ce surcroît de produit?

Dans cet état de la question, toutes nos recherches

doivent donc avoir pour objet de trouver un cours de récoltes, non-seulement adapté aux terres généralement cultivées, mais aux productions que l'expérience a démontré être de nature à pouvoir se cultiver avec plus ou moins d'avantages.

Si donc nous réussissons à trouver un cours qui comprenne les productions actuellement cultivées, et qui fasse éviter les jachères, il ne faut point le rejeter, par la crainte que l'augmentation de produit ne manque de consommateurs ; comme, d'un autre côté, il ne faut point le juger trop dispendieux, s'il est vrai que chaque production n'y est pas plus coûteuse qu'elle ne l'est dans le système actuel.

Or, dans ce système, il est certain que tels cultivateurs s'attachent à telles récoltes particulières ; et cela seul prouve bien mieux que les calculs les plus volumineux et les plus exacts, que la chose peut se faire avec avantage. Personne, j'ose le croire, ne dira que, pour cultiver les productions indiquées dans le mémoire, selon le cours que l'on y désigne, il puisse en coûter davantage que pour cultiver ces mêmes productions, selon tout autre cours aujourd'hui en usage. Au contraire, il semble que ce cours présente une très-grande économie de travail.

Quant à la possibilité du défaut de consommateurs, il me paraît que l'observation de la Société s'applique bien mal dans cette circonstance ; non-seulement en ce qu'il serait absurde de proposer une question quelconque sur les moyens d'augmenter la masse des productions aujourd'hui généralement cultivées, si l'on savait d'ailleurs que cette augmentation ne trouverait point un débouché, mais encore en ce que l'observation de la Société s'applique ici à la première récolte, qui consiste en un grand nombre d'objets, faisant tous (tels que le mémoire les spécifie) une nourriture presqu'aussi générale que le pain même, pour hommes, femmes et enfans, ainsi que pour tous les bestiaux de la ferme, grands et petits; objets, au reste, dont il n'est pas un seul qui ne soit généralement cultivé, du moins en quelques endroits, tant pour la table que pour les bestiaux.

La Société paraît s'accorder avec le mémoire relativement aux principes généraux qui suivent:

1°. Dans la culture générale, l'on ne doit admettre aucun cours de récoltes (quelqu'avantageux qu'il soit à d'autres égards) qui ne fournisse l'engrais nécessaire pour remplacer celui dont la terre se trouvera épuisée d'après le système de l'assolement.

J'ai dit dans la culture générale, car je ne parle point des terres qui sont dans le voisinage des grandes villes, et dans d'autres situations où l'on trouve de l'engrais à volonté.

2°. Le fumier de la ferme, dont il vient toujours de mauvaises herbes, ne doit s'appliquer à aucune récolte que l'on ne puisse houer, ou du moins soumettre à quelque autre procédé qui, pendant la croissance de la récolte, détruira ces herbes parasites.

3°. Les blés et tous autres grains de cette espèce, comme aussi les grains qui ont des racines du même genre que le blé, ne peuvent se suivre dans la culture, sans l'intervention d'une récolte qui doit consister en plantes à racines profondes, pivotantes, ou du moins bulbeuses.

4°. Comme le pain est le premier objet de la culture, et que d'ailleurs la culture actuelle ne fournit à peu près que la quantité de grains nécessaire pour cet usage, il ne sera admis aucun assolement qui tende à diminuer la quantité de ces grains.

C'est pour se conformer à ces principes que le mémoire avait proposé le cours qui suit :

1°. Une récolte de racines, de légumes, ou de toutes autres productions susceptibles d'être fortement fumées, et qui fussent de nature à se faire houer, ou autrement labourer durant leur croissance, pour débarrasser la terre de toutes mauvaises herbes.

Dans cette classe, étaient comprises les pommes de terre, les navets, les choux, les carottes, les betteraves et les panais.

A ces objets le cultivateur peut ajouter toute autre production de la même nature, et il emploiera à cette récolte tout l'engrais de sa ferme.

2°. Une récolte de ces grains dont on fait l'usage le plus général, et particulièrement des menus grains qui donnent le plus de facilité pour semer avec eux le trèfle.

Le mémoire fait mention d'orge et d'avoine. On y joindra, si l'on veut, le sarrazin, et peut-être quelquefois des féverolles, des pois, des lentillons et autres objets.

3°. Le trèfle, ou toute autre plante à racines profondes, qui laissera le sol dans un état propre au blé.

4°. Le blé ou le seigle.

La Société semble admettre que ce cours fournira la quantité d'engrais nécessaire, qu'il donnera une quantité de blé suffisante, et fera éviter les jachères, du moins sur quelques terres. Si cela est ainsi, il me paraît que, relativement à ces mêmes terres, nous avons obtenu tout ce qui était à désirer.

Mais la Société ajoute, par forme d'objection, que l'auteur du mémoire « n'a pas fait attention qu'elle » demandait une description des méthodes d'asso- » lement applicables aux différens sols de la répu- » blique ».

Différence de plantes, différence d'engrais, et différence de sols; ces expressions ont depuis si long-tems porté avec elles je ne sais quoi de mystérieux; on les a si long-tems employées comme une espèce de charme pour éviter la discussion de choses que l'on n'entendait point, et pour bannir de l'agriculture les principes généraux de la végétation, de l'engrais et des assolemens, que je crains de passer pour un téméraire, en disant que les principes de l'assolement me paraissent les mêmes pour tous les sols.

Il est beaucoup de sols qu'il ne serait pas avantageux de cultiver dans le genre de récoltes dont nous nous occupons, et il en est d'autres qu'il serait impossible d'exploiter, d'après un système d'assolement quelconque.

Les uns sont trop précieux, les autres trop mauvais, ceux-ci trop humides, ceux-là trop secs ou trop durs. Il se trouve des bancs de sable qui ne donneront jamais une récolte, et d'autres un peu moins mauvais, qui, une fois seulement, dans quelques années, rapporteront une misérable récolte de seigle. Enfin il est des terres glaises, si fortes, qu'il n'y croîtra que quelques herbes de celles qu'on trouve dans les prés.

Tous ces sols n'admettront aucune succession de récoltes semblables à celles dont nous parlons, c'est-à-dire, qui puissent exclure les jachères ; et par cette raison, ils sont étrangers à la question.

Mais je vois si peu en quelle manière une différence dans les terres peut affecter les principes de l'assolement, qu'encore que la Société d'agriculture ait parlé du cours indiqué dans le mémoire, comme d'un cours convenable à quelques sols, et non convenable à d'autres, et qu'elle en ait parlé comme d'une chose qui était trop claire pour avoir besoin d'explication, je ne conçois pas aujourd'hui à quel sol elle a cru approprier le susdit cours, ou à quel autre elle l'a jugé non applicable.

Cependant, sur cette même matière, j'ai quelque expérience dont je pourrais m'aider, s'il était vrai que l'expérience indiquât ces distinctions ; car je cultive deux fermes, dont l'une, située à Poissy, consiste généralement en un sol léger et sablonneux, et dont l'autre, située à Fontaine-l'Abbé, près Bernay, est presque par-tout une terre forte, d'ailleurs un peu humide, et tenant de l'argile, ce qui est assez communément le caractère du sol de la Normandie.

Voilà donc deux sols qui sont, ce me semble, à peu près les extrêmes entre les terres susceptibles d'un cours quelconque, destiné à exclure les jachères.

Or, sur ces deux fermes, j'ai suivi et je suis encore le cours de culture indiqué dans le mémoire, et cela avec un succès si égal, en tant que le succès dépend du cours, que véritablement je ne saurais dire à laquelle des deux il se trouve le mieux adapté.

Sur l'une et l'autre fermes j'ai besoin de fumier ; sur l'une et l'autre, ce fumier produit de mauvaises herbes, et ces dernières, si on les laisse croître, nuisent également à la récolte des deux sols. Comme je n'ai point de jachères, je ne puis, ni dans l'un, ni dans l'autre cas, enterrer mon fumier assez à tems pour détruire les mauvaises herbes avant les semailles. Par cette raison, j'emploie ce fumier à la production d'une récolte que j'aurai la facilité de houer pendant sa croissance, et qui, en me donnant ainsi les moyens d'extirper les mauvaises herbes, laisse la terre en très-bon état pour produire une récolte de grains, et particulièrement celle du trèfle qui doit suivre.

Le grain est une récolte si importante, que sur l'une et l'autre fermes, je le sème tous les deux ans, dans une ou plusieurs de ces espèces : mais d'après

le motif qui est énoncé dans notre troisième propo-
sition, et auquel la Société semble accéder, je ne
le sème point pendant deux années de suite. Il faut
donc qu'à cette seconde récolte, il en succède une
qui consiste en racines profondes ou bulbeuses, et
à celle-ci, une nouvelle récolte de grains, et toutes
sans fumier; car si je fais venir des récoltes de grains
tous les deux ans, mes bestiaux ne pourront fumer
plus d'un quart de la ferme, ou autrement, une
sole sur quatre; et quand même j'aurais le fumier,
je ne pourrais, sans inconvénient, le mettre ailleurs
que sur une récolte susceptible d'être houée.

Il résulte de ces observations, qu'en semant les
espèces de grains dont se compose la deuxième
récolte du cours indiqué, je dois considérer de quelle
manière je pourrai préparer le sol pour la quatrième
récolte qui sera aussi des grains.

Cette préparation ne peut avoir lieu que par le
moyen d'une récolte intermédiaire, qui réussira sans
fumier, et qui laissera le sol net et en bon état, pour
le grain dont elle sera suivie.

Or, il n'y a que les racines bulbeuses, pivotantes,
ou tout au moins profondes, qui puissent intervenir
entre deux récoltes de grains.

Mais aussi, ni les racines bulbeuses, ni toutes
autres, dont la nature est de ne rester en terre que
pendant trois à quatre mois, ne pourront réussir à
la suite du grain, sans l'emploi du fumier. Je dois
donc nécessairement chercher quelque plante à racines profondes, qui ne sera récoltée qu'un an après

les semailles, et qui, par cette raison, aura le tems
d'arriver à sa pleine croissance, sans être forcée par
le fumier ; une plante, en un mot, qui produira cette
riche végétation et ces grandes racines nécessaires
pour rendre le sol propre à une récolte de grains.
Pour cet objet, je fais choix du trèfle ou de quelque
autre plante qui réunisse les mêmes avantages.

C'est par cette considération, qu'au sujet de la
seconde récolte, indiquée dans le cours comme une
récolte de grains, je me détermine à la composer
de ces grains qui permettent de joindre avec eux le
trèfle.

En conséquence, je sème l'avoine, l'orge ou le
sarrazin ; mais il n'y a point de motif qui doive empêcher le cultivateur d'employer les féverolles, les
lentillons, ou d'autres plantes, s'il les préfère, pourvu
qu'il les sème de manière à laisser croître le trèfle
avec ces productions.

A la suite du trèfle, la terre se trouve préparée
pour le blé ou le seigle, dont se compose la quatrième récolte.

Or, il me semble qu'il n'est pas un de ces principes
qui ne puisse s'appliquer également à tous les sols
capables de produire, sans l'intervention des jachères, les plantes généralement cultivées ; et dans le
genre de culture qui fait l'objet de nos recherches,
il ne peut être question que de cette espèce de sols.

Il est vrai qu' je ne plante point des choux sur
un sable sec et léger, ni des carottes sur des terres
glaises : et certes, l'assolement indiqué ne nous force

oint d'adopter une semblable absurdité. Mais, en distinguant la nature des terres, j'emploie, soit des choux, soit des carottes, dans ma première sole, ou bien, à leur place, quelqu'autre plante susceptible d'être fortement fumée, et ensuite houée durant sa croissance, pour détruire les mauvaises herbes qui peuvent venir du fumier.

Il ne m'arrive point non plus de semer mon avoine sur les sables les plus légers et les plus secs, ni mon orge sur les argiles les plus humides ; mais je sème pour ma seconde sole, soit de l'orge, soit de l'avoine, ou, en un mot, tout autre grain qui veuille s'associer avec le trèfle.

Il y a des terres si sabloneuses et si pauvres, que je n'y sème point le blé pour ma quatrième sole , comme je ne sème certainement pas le seigle sur mes meilleures terres ; mais me renfermant dans mon cours de culture , je sème , soit du blé , soit du seigle, ou bien quelqu'autre grain convenable au sol, et cela toujours de l'espèce dont je pourrai retirer le plus haut prix ; car l'état où se trouvera la terre à la suite de la récolte, ne sera pas ici un objet de considération aussi grand que dans les autres cas , attendu que la récolte suivante doit être de celles que l'on fume et que l'on fait houer.

Il est vrai que pour des terres d'une très-bonne contexture, il faut moins d'engrais que pour les autres.

La conséquence en est qu'au lieu de nourrir ses bestiaux de la totalité de ses fourages, ainsi qu'on y est forcé sur les terres pauvres, le cultivateur en

peut fournir une partie à la consommation de l[a]
ville ; ou bien sur de bonnes terres, il peut quel[-]
quefois mettre un champ hors d'assolement, et l'é[-]
puiser volontiers par quelque récolte, dont il retire[ra]
un grand prix, mais qui ne laissera point d'engrais[,]
comme le lin ou le chanvre ; tandis que, d'un autr[e]
côté, le cultivateur d'un sol dont la contexture e[st]
moins bonne, sera peut-être forcée d'exclure de so[n]
assolement un champ ou deux, et d'y semer de l[a]
luzerne ou du sainfoin, pour aider les terres de la[-]
bour. Mais dans tous ces cas, les principes de l'as[-]
solement sont toujours les mêmes chez les deu[x]
cultivateurs, pour la partie de leur ferme qui s'ex[-]
ploite d'après un cours de récoltes.

Parmi les principes établis dans le mémoire, [il]
n'y en a pas un qui se rapporte à la nature d[u]
sol. Tous sont relatifs à l'engrais, aux mauvaise[s]
herbes, à l'espèce des racines, particulières aux di[f-]
férentes récoltes, aux facilités plus ou moins grande[s]
d'extirper les herbes parasites ; enfin, à d'autres ci[r-]
constances, communes à tous 'es sols.

La Société avoue que ces principes, *qui sont le[s]
mêmes pour tous les terrains*, « sont basés sur de[s]
» faits constatés. » Mais, dans le même paragraphe[,]
elle objecte à l'auteur du mémoire qu'il n'ait pas pr[é-]
senté *différentes* méthodes d'assolement *applicable[s]
aux différens sols.* Il paraîtrait donc que la Sociét[é]
désire un cours de culture étranger aux principe[s]
qu'elle approuve. Si tel est son but, elle a eu raiso[n]
de dire que « vraisemblablement elle ne trouverait su[r]

» cette question rien de plus satisfaisant que ce qui
» avait déja été exposé à cet égard dans l'ouvrage du
» citoyen Pictet, » où, à la vérité, il se trouve mille
méthodes d'assolement, quelques-unes bonnes et
plusieurs mauvaises, mais où il n'y a point de principes (1).

Tout cultivateur-pratique s'appercevra que pour
assujétir quelques sols, soit à ce cours, soit à tout
autre qui excluera les jachères, la grande difficulté
consiste à trouver une plante dont la nature soit de
venir, sans fumier, à la suite d'une récolte de grains,
et de disposer la terre à produire en grains une récolte nouvelle.

Jusqu'ici, pour cette troisième récolte, nous n'a-
vons indiqué que le trèfle, qui cependant ne réussit
pas très-bien sur quelques terres sèches, légères et
sabloneuses.

Quoique la quantité des terres qui se refusent au
trèfle, lorsqu'elles sont bien cultivées, soit considérable, cependant elle est beaucoup moindre qu'on

―――――――――――――――――――――

(1) L'ouvrage que publie le cit. Pictet, sous le titre de
*Bibliothèque britannique*, est un excellent recueil de tout
ce que les Anglais ont écrit depuis quelques années, tant sur
l'agriculture que sur d'autres sujets. Si l'on n'y trouve point
une série de principes expliqués de manière à former un sys-
tême intelligible d'assolemens, la faute n'en est point au
cit. Pictet, mais bien aux auteurs qu'il analyse. Un compila-
teur aussi habile n'eût point laissé échapper ces principes, si
véritablement ils existaient dans les originaux.

ne le suppose communément. Mais il y a de ces terres, et on ne peut les soumettre ni à ce cours, ni à tout autre qui, composé d'objets généralement cultivés, excluera les jachères sans le secours d'un engrais étranger; car la même difficulté aura lieu d'une manière ou d'une autre dans toutes les méthodes d'assolement imaginables.

Cependant il se peut que nous trouvions une plante non cultivée encore, qui, sur cette espèce de terres, remplace le trèfle de notre troisième récolte, et nous donne les moyens d'exploiter, d'après ce cours, quelques terrains que l'on ne saurait aujourd'hui réduire à un système d'assolement quelconque capable d'exclure les jachères.

J'ai souvent conjecturé que la mille-feuille (*achillea*) était une plante dont on pourrait utilement se servir en cette occasion. L'idée de pouvoir tirer quelque avantage de cette plante, m'est venue de la lecture des ouvrages du docteur Anderson, qui lui-même en avait emprunté l'idée du docteur Hill.

Cette plante croît spontanément sur presque toutes les terres sèches qui restent sans culture. Elle est à racines pivotantes, et, comme le trèfle, elle peut se semer à la distance d'une année entière avant d'être recueillie. Je soupçonne que toute plante qui n'a pas cette dernière qualité ne réussira point sans fumier entre deux récoltes de grains.

Le feuillage en serait certainement beaucoup moins abondant que celui du trèfle; mais il fait un très-bon pâturage. J'imagine que d'ailleurs cette plante réussirait sur des terres maigres, et, ce qui est bien plus important, sur celles qui sont trop sèches et trop graveleuses pour le trèfle.

Je n'ai jamais vu cultiver la mille-feuille. J'en ramassai, il y a deux ans, quelques graines, avec l'intention de faire une expérience sur cet objet ; mais par un de ces accidens assez communs aux cultivateurs qui se trouvent habituellement et presque toujours absens de leur ferme ( ce qui malheureusement a été ma position), l'expérience n'eut jamais lieu.

Cependant une circonstance dont mille autres aussi bien que moi ont été témoins cette année, m'a déterminé à ne point perdre la chose de vue.

Dans les premiers mois de la présente année, l'on arrosait de tems en tems le gazon des petits enclos du Palais du Tribunat ; mais, soit que l'on n'ait pas persévéré dans cet usage, soit que la sécheresse ait été assez grande pour en détruire l'effet, presque toutes les plantes y sont mortes, ou du moins les parties de ces plantes qui étaient sorties de terre.

Durant tout ce tems, on voyait néanmoins çà et là quelques plantes de mille-feuilles toutes en pleine verdure, et, en ce présent moment ( 12 vendémiaire an 11 ), elles ne sont pas seulement du vert le plus beau, mais elles forment un tapis de feuilles très-épais, tandis que toutes les autres plantes se voient entièrement desséchées.

S'il se trouve que cette plante ne dispose point la terre à recevoir le blé ou le seigle, de façon à tenir lieu d'une récolte intermédiaire et préparatoire, elle peut toujours être utile sur les terres très-sèches, en qualité d'herbe de pâturage.

Une dernière objection de la Société contre le mémoire, c'est qu'il exclut de l'assolement la culture de la luzerne et du sainfoin.

Mais quoiqu'il soit « démontré à la Société que la » culture de ces plantes offre aux cultivateurs un » moyen assuré de fertiliser les terres et d'augmenter » les produits d'un bien rural, » je ne saurais me persuader que la luzerne et le sainfoin puissent figurer avec avantage dans un assolement destiné à nous fournir la quantité de pain nécessaire pour notre subsistance.

La luzerne reste quelquefois dans le sol durant l'espace de douze à quinze ans, ou même davantage, avant d'être défrichée ; mais pour nous arrêter à un terme moyen, il ne peut y avoir de profit à défricher ces deux plantes avant un laps de huit années.

Je conviens que la terre, une fois défrichée après ces deux plantes, se trouve en bon état pour donner une récolte de blé ; mais aussi elle n'en donnera qu'une seule récolte, jusqu'à ce qu'elle soit rétablie par le fumier et quelque sol intermédiaire.

Alors il arrivera de deux choses l'une ; 1°. ou la ferme sera divisée en huit soles, dont il ne peut y avoir qu'une de blé, auquel cas tout le monde restera sans pain durant la bonne moitié du tems, ou, ce qui est plus probable, la moitié des habitans n'aura jamais de pain ; ou bien, 2°. durant les huit années que la luzerne ou le sainfoin occupent cette partie du sol, il faut que le reste de la ferme soit cultivé d'après une méthode d'assolement qui procurera du pain et fera éviter les jachères : et, dans cette hypothèse, la luzerne est exclue, et ne fait pas plus une partie du cours de culture, que ne le fait un enclos d'arbres fruitiers qui sera un jour défriché.

Tout homme qui a lu le mémoire, ou qui a vu mes terres, ne peut pas ignorer que moi aussi, je regarde la luzerne et le sainfoin comme des plantes qui puissent se joindre avantageusement à la culture d'une ferme. Je pense la même chose des pâturages, des vergers et des bois taillis qui seront defrichés un jour, et qui, lorsqu'on parle d'un cours de culture destiné à produire le blé, s'y rapportent tout autant que cette luzerne, dont le règne tranquille dure près de la moitié de la vie d'un cultivateur.

# SUR LE PARCAGE.

Dans le Mémoire sur l'engrais, j'ai exposé mes raisons relativement à l'utilité de faire coucher les bestiaux sur la terre même où leur fumier est nécessaire.

Par-tout où les fermes sont divisées en très-petits enclos garnis de haies suffisamment fortes, et où d'ailleurs l'on n'a point à craindre que les bestiaux soient enlevés, il ne s'agit que de les mener aux champs et de les y enfermer.

Mais les facilités dont nous venons de parler ne se trouvent réunies en France que dans un bien petit nombre de fermes.

Ajoutons qu'à moins que le champ ne soit très-circonscrit, les bestiaux y prendront l'habitude de coucher constamment sur quelque coin de terre particulier, d'où il résultera que l'engrais sera réparti d'une manière extrémement inégale.

Dans la plupart des cas, l'on ne pourra se procurer l'avantage de faire coucher les bestiaux sur la terre, à moins de construire une espèce de parc ou d'enclos temporaire, expressément pour cet objet. Il est vrai que, sans beaucoup de peine, on pourrait les attacher dans le champ; mais je n'aime point soumettre les bestiaux à une attache, lorsque je puis leur laisser la liberté de choisir le mode de se coucher, et jusqu'à un certain degré, l'endroit même où ils voudront prendre du repos.

On ne peut d'ailleurs les faire parquer serrés en groupe dans un espace étroit, comme on fait parquer les moutons ; il leur faut beaucoup de place, sans quoi, ils se gêneront et se blesseront mutuellement.

Ma méthode a généralement été de garder dans la ferme quelques pieux d'un bois dur, aiguisés à l'un des bouts, de manière à entrer facilement dans la terre, et d'avoir en même-tems quelques planches étroites d'un bois léger et facile à manier. Alors je profite de la haie d'un côté du champ, et je forme une espèce de grand parc, en enfonçant ces pieux et en y clouant les planches pour faire trois côtés de mon enclos, la haie faisant le quatrième.

Je donne au parc assez d'étendue pour que les bestiaux puissent y rester quatre ou cinq jours avant que les barrières ne soient enlevées.

Cet enlèvement, il faut le dire, est accompagné de l'inconvénient de causer beaucoup de peine ; d'ailleurs on n'a pas toujours une haie pour former l'un des quatre côtés, précisément à l'endroit où l'on voudrait faire le parc, et, dans ce cas, il y a accroissement de peine.

La meilleure méthode est d'employer cette espèce de claies dont on se sert pour les parcs à moutons ; et composées d'osier et de menu bois, elles sont meilleures et plus légères que toute construction en planches.

Il en faut une assez grande quantité pour laisser

les bestiaux tout-à-fait à leur aise ; et , en général , un changement de lieu ne sera nécessaire qu'au bout de quatre ou cinq jours.

De cette manière , le parc dont il s'agit peut toujours se placer auprès de celui des moutons, et se trouver sous l'inspection du berger et de ses chiens, pour prévenir tout enlèvement.

Il est beaucoup de cultivateurs qui ne font point parquer leurs moutons, attendu que cet usage leur paraît nuisible au troupeau.

Un parcage injudicieux peut certainement nuire, et il en est de même de tout système mal entendu, pratiqué dans la bergerie. Mais il me paraît bien prouvé que les moutons réussissent beaucoup mieux lorsqu'ils couchent sur la terre, à l'air libre, ( du moins pendant une grande partie de l'année ) que lorsqu'ils restent enfermés dans la bergerie.

En tous cas, ce sont des animaux qu'il faut traiter avec douceur et attention.

Mon parc est toujours assez grand pour laisser à chaque mouton à peu près l'espace de deux mètres carrés ( la moitié d'une toise carrée ) et jamais je ne souffre qu'on les dérange pendant la nuit pour changer le parc.

Si le parcage d'une nuit sur un espace aussi grand ne suffit point pour fournir la quantité d'engrais que je désire avoir, je ne veux point, pour cela, que le troupeau soit ramené au même endroit. Le parc change de lieu et revient à la même position au bout de quelques jours.

Le parcage des moutons est un objet plus important peut – être que le parcage d'autres bestiaux, vu qu'ils laissent échapper une plus grande quantité de leur nourriture par la transpiration et la respiration ; mais j'ai lieu de croire que dans les pertes d'engrais, dont on peut accuser les fermes en général, la plus grande partie du mal vient de ce qu'on ne donne pas assez d'attention à l'importance du parcage.

Dans les villes, une dissipation d'engrais très-considérable, est due à la perte de la matière fécale ; mais de toutes les villes de la terre, Paris est la seule, je pense, où la police en défende l'emploi, et où elle garde cette matière jusqu'à ce que toute l'odeur s'en échappe pour parfumer les habitans ; et certainement la Société d'agriculture du département de la Seine est la seule assemblée d'hommes réunis pour l'encouragement de l'industrie agricole, qui ait jamais donné son appui à une mesure aussi absurde.

# DES DIFFÉRENTES MANIÈRES
# DE SEMER.

*De l'emploi du semoir et du plantoir. --De l'usage de transplanter le blé. --- De la manière de planter les pommes de terre.*

Dans la culture du blé et d'autres grains, on a tant différé d'opinion relativement aux avantages du système connu chez les Anglais, sous le nom de *drill-husbandry*, système qui consiste à semer en rayons par l'emploi du semoir ou du plantoir, qu'aujourd'hui cette question a, pour ainsi dire, divisé en deux parties les cultivateurs spéculatifs et pratiques.

Ainsi que le système des économistes en économie publique, ce système a, parmi les cultivateurs, ses adversaires et ses partisans.

Je ne suis point en peine pour me décider sous quelles bannières je dois me ranger, en ce qui concerne ma propre culture ; c'est au semoir que je donnerai toujours la préférence.

Il est vrai qu'on ne voit aucun motif bien important pour abandonner la méthode ordinaire de semer à la volée, et pour adopter celle de semer en rayons, à moins qu'on ne veuille se ménager la facilité de houer la récolte, dans la vue d'extirper les mauvaises herbes, et d'aider à la croissance des plantes : car, quoiqu'en semant par rayons, l'on emploie beaucoup moins de semences qu'il ne s'en consomme dans la méthode ordinaire, telle qu'elle se pratique aujourd'hui, cet avantage, s'il n'y en avait point d'autre attaché à ce genre de culture, serait peu important, vu qu'en changeant de pratique, il serait aisé de semer à la volée, d'une manière tout aussi claire, et à peu près aussi égale qu'on peut le faire avec le semoir.

Ajoutons qu'il n'est pas toujours avantageux de semer à claire-voie, comme cela arrive dans l'usage du semoir ou du plantoir, à moins que l'on ne se propose de houer le champ : car, là où les mauvaises herbes se trouvent en grande quantité, elles croissent bien plus rapidement au milieu d'une récolte clair-semée que dans une récolte épaisse.

Si l'on n'a pas l'intention de houer le champ, il vaudrait mieux, en quelque façon, étouffer les mauvaises herbes en semant dru, ( quand même les plantes devraient se nuire réciproquement ) que de laisser étouffer le blé par des herbes parasites.

Il y a plus ; quelquefois lorsque le blé a été semé à la manière ordinaire, on l'a vu donner des récoltes égales, ou à peu près équivalentes aux récoltes les plus belles que l'on ait pu obtenir d'après la méthode de semer en rayons et de houer après. Mais ceci n'a pu avoir lieu que sur des terres entièrement débarrassées de mauvaises herbes, et à l'abri de tout accident qui pourrait les faire venir après les semailles ; sur des terres bien riches d'ailleurs ; et un sol riche, libre de mauvaises herbes , n'a guère besoin d'être houé. Dans des circonstances aussi favorables , il importe peu de semer par rayons.

Mais il est si rare de voir des terres en aussi bonne condition ; il en coûte tant pour les amener à cet état désirable , et il arrive d'ailleurs tant d'accidens qui peuvent empêcher un entier succès , que , sur des milliers d'essais , on ne trouvera pas une fois ces résultats avantageux , et particuliérement dans les fermes où il n'y a point de jachères pour faciliter la destruction des mauvaises herbes : or , jamais je ne me fie au hasard.

Il ne coûte guère plus d'employer le semoir que de semer à la volée ; et l'économie qui se fait sur la semence , couvre , en grande partie , les dépenses d'un labourage à la houe.

Dès que mon blé se trouve ainsi en rayons , il m'est facile d'extirper efficacement les mauvaises herbes , et la houe , en les détruisant , remue la terre et la ramasse un peu à l'entour des plantes.

Il est vrai que , durant les premiers mois de la saison , cette récolte paraît si claire , qu'on la dirait de beaucoup inférieure à celle des champs où l'on a semé avec une main plus prodigue ; mais aussi-tôt que les plantes commencent à s'élever en tiges , il en sort de chaque graine un si grand nombre , que la terre se trouve parfaitement couverte.

Lorsqu'on sème assez dru pour étouffer les mauvaises herbes , il en résulte que , non-seulement les plantes sont à moitié mortes par l'effet d'une lutte pénible , et entr'elles mêmes , et avec les herbes qu'elles ont écrasées , mais elles montent pour chercher l'air et la lumière , dont elles se privent mutuellement , jusqu'à ce qu'elles deviennent proportionnellement hautes et minces : la conséquence en est, que si les épis se remplissent de manière à former une bonne moisson, ils se trouvent trop pesans pour la tige , et il suffit alors d'une pluie ou d'un vent, tant soit peu considérables, pour les coucher sur la terre, au grand préjudice de la récolte , si toutefois elle n'est pas entièrement perdue.

Quand on sème à claire-voie, les tiges sont plus grosses et plus fortes, en proportion de leur hauteur , et conséquemment moins sujettes à se laisser abattre par les orages.

Beaucoup de personnes s'imaginent que les grains, lorsqu'ils sont semés très-épais , courent moins le risque d'être abattus par l'intempérie des saisons. Mais si ces personnes avaient fait attention à un spectacle qui se présente assez fréquemment à leurs yeux, je veux dire à ces petites touffes de blé , consistant peut-être en une demi-douzaine de tiges , toutes sorties d'une seule graine, que le hasard a pu déposer sur le terrain, elles auraient vu que rarement une touffe isolée de cette nature a été couchée par les orages.

Quant à la méthode de semer en rayons, j'ai fait usage de plusieurs machines ; l'une des meilleures, est celle connue sous le nom de *drill-machine* ou semoir de Cook , que j'ai importée d'Angleterre, et dont il se voit une copie au dépôt national des machines, sous l'inspection du citoyen Molard, à la ci-devant abbaye Saint-Martin de Paris.

Il en est une autre de l'invention du cit. White, rue Popincourt, n°. 47, à Paris, dont on pourrait, avec un peu d'attention, tirer un parti très-avantageux, et qui probablement serait moins coûteuse.

Depuis quelque tems, l'on parle beaucoup de l'usage de planter le blé, usage également tiré d'Angleterre, et que l'on y désigne par le mot *to dibble*.

Tout le bénéfice de ce procédé, ainsi que celui du semoir, consiste à pouvoir semer en rayons, et cette opération se fait tout aussi bien par le moyen du semoir même, dans tous les cas où cet instrument peut s'employer.

Mais sur une ferme il se trouve toujours quelques coins de terre, dont un semoir, tiré par un cheval, ne saurait approcher, et quelquefois il est telles parties d'un champ, qui, par la quantité des pierres, ou par d'autres obstacles, défendent l'emploi de tout instrument semblable.

Dans ces cas, il faut recourir au plantoir, ou abandonner l'idée de semer en rayons.

C'est par ce motif que tous les ans je plante une quantité de blé plus ou moins grande; mais le procédé du plantage est si dispendieux, que je ne l'emploie jamais dans les cas où il est possible d'y substituer le semoir.

A l'aide de cette dernière machine, et d'un cheval, on verra un homme et un enfant ensemencer plusieurs arpens dans une journée, tandis que, par le moyen des plantoirs, ils n'auraient pas fait la vingtième partie de l'ouvrage. Par-tout où il pourrait être nécessaire de recourir au plantoir, on aurait tort de lui donner la forme que l'on a quelquefois recommandée, savoir, trois pointes, destinées à faire autant de trous à-la-fois. En tout terrain, un pareil instrument est incommode, et, sur quelques sols, absolument inutile. Le plantoir devrait consister en une pièce de bois semblable à un manche de bêche (ou plutôt d'une moindre dimension), ayant à peu près trois pieds de long ; à l'extrémité, doit être fixé un morceau de fer de deux ou trois pouces de longueur, semblable à celui dont les plombiers se servent pour la soudure, et dont le diamètre serait d'un pouce à sa partie supérieure, ou dans sa plus grande épaisseur, le bout se terminant en pointe ; de manière qu'enfoncé dans le sol à la profondeur de deux pouces, ce fer y formera un trou qui aura dix à douze lignes de diamètre à la surface de la terre.

L'extrémité supérieure de ce manche devrait être traversé d'une pièce de bois de trois ou quatre pouces, à l'aide de laquelle on pût le tenir, ou plutôt elle devrait être façonnée sur le modèle de ces manches ouverts que l'on remarque souvent aux bêches et aux pelles d'Angleterre.

Un homme prend dans chaque main l'un de ces instrumens, et les fait entrer dans le sol, distant l'un de l'autre de tout l'espace qu'il veut laisser entre les rayons ; dès qu'il les a fait entrer à la profondeur convenable, il y tourne chaque plantoir autant que le permet la position de la main, à l'effet de détacher la terre de la pointe de l'instrument, et pour que le trou ne se remplisse pas aussi-tôt que la pointe en est retirée. De cette manière il continue, en marchant à reculons, à faire des trous éloignés les uns des autres de 3, 4 ou 5 pouces dans les rayons, qui se trouvent écartés de 9 à 10 pouces l'un de l'autre. Des femmes ou des enfans suivent, et laissent tomber dans chaque trou deux grains de blé.

Cette opération est si coûteuse, qu'elle ne sera point pratiquée dans les cas où l'on pourra employer le semoir; mais sur les terres qui se refusent à l'action de ce dernier instrument, il faut que le plantoir lui soit substitué, ou que l'on renonce à l'idée de semer en rayons et de houer le blé.

Depuis trois ou quatre ans, j'ai constamment transplanté une ou plusieurs très-petites pièces de blé; mais cela a toujours été par des motifs qui ne s'appliquent point à la culture en général.

Quelquefois n'ayant qu'un mince échantillon en graine d'une variété de blé, je l'ai semé dans le jardin pour éviter tout accident; et puis, en hiver ou au printems, je l'ai repiqué pour lui donner plus d'espace. Une autre fois, par le désir de remplir une lacune désagréable à l'œil, j'ai garni, au moyen de la transplantation, quelque endroit particulier d'un champ où le blé avait manqué; enfin, j'ai quelquefois fait usage du même procédé pour compléter en blé une partie d'une bonne pièce de terre, dont je voulais exploiter la totalité, d'après un même système de culture, évitant par là de déranger mon cours de récoltes.

Mais cette pratique est beaucoup trop dispendieuse pour qu'un homme prudent veuille jamais l'adopter en grand ; et si le prix, que *la Société pour l'encouragement des arts et de l'industrie*, a proposé en faveur de *la plus grande quantité* de blé transplanté, a eu un effet quelconque, cet effet n'a pu être que de donner une fausse direction à l'industrie des cultivateurs.

Des prix d'encouragement pour des travaux de cette nature, indiquent plutôt le zèle qu'ils ne prouvent les lumières de la Société.

Dans la culture de mes pommes de terre, je m'attache particulièrement à les planter d'une manière qui puisse faciliter la destruction des mauvaises herbes pendant la croissance de la récolte.

C'est pour cette fin que je les plante en rayons assez éloignés les uns des autres pour donner passage à une charrue.

Dès que le champ est labouré et nivelé par la herse, on le coupe de grands sillons ouverts, écartés les uns des autres de la distance de trois pieds.

Pour former ces sillons, je me sers d'une charrue sans roues (1), qui, après avoir traversé le champ dans

---

(1) J'ai plusieurs charrues sans roues : la meilleure en est une que j'ai importée d'Angleterre, et qui a servi de modèle à celle que l'on voit au dépôt national des machines, à l'abbaye Saint-Martin.

une direction, revient dans le sillon même qu'il a tracé, et rejette ainsi la terre du côté opposé; il reste d'après cela un sillon ouvert et profond.

Les charrettes destinées à porter le fumier ont leurs roues exactement séparées de six pieds : ensorte que si les chevaux passent dans un de ces sillons, les roues se trouvent précisément dans les deux autres, qui, de chaque côté, avoisinent le sillon du passage des chevaux.

C'est ainsi que, sans détruire les sillons, soit par les pieds des chevaux, soit par les roues, les charrettes arrivent sur les lieux, et portent le fumier dans toute la longueur des rayons: après qu'il est distribué dans les sillons, les pommes de terre se plantent, et on les recouvre légèrement avec la houe.

Quand il s'agit de les biner, on fait passer deux fois, mais dans une direction opposée, la charrue entre tous les rayons, ce qui laisse peu de chose à faire à la main.

Sur des terres faciles à cultiver et en bon état, un seul homme pourra biner de cette manière plus d'un demi-arpent par jour.

Je ne pense point que ce genre de culture rende par arpent une quantité de pommes de terre aussi considérable que l'on en trouve lorsqu'on les plante à une moindre distance.

Mais l'on en obtient davantage en proportion du fumier et du travail; et d'ailleurs, il est un point essentiel à observer, c'est que, dans le cas où les

pommes de terre sont plantées assez dru pour ne
point permettre de passer la charrue entr'elles, le
sol ne sera pas aussi bien cultivé durant l'été, et
ne se trouvera pas, au même degré, libre de mauvaises herbes pour la récolte prochaine.

# DE LA GRAINE DE TRÈFLE.

*Manière de semer, de recueillir et de battre
cette graine.*

LE trèfle, lorsqu'on le sème sur de bonnes terres,
et qu'il y est semé dru, comme dans les récoltes uniquement destinées à donner du foin, produit moins
de graines et d'une plus mauvaise qualité que lorsqu'il
est semé à claire-voie.

Toutes les fois qu'on se propose de recueillir la
graine de trèfle, je voudrais que l'on n'en semât
qu'environ trois livres, ou bien trois livres et demie
par arpent de 100 perches (la perche étant de 22 pieds),
et que les semailles se fissent sur un terrain plutôt sec
qu'humide.

Les frais de battage pour la graine de trèfle, d'après
la méthode ordinaire, sont très-considérables.

J'ai vu payer cette opération à raison de 36 francs
le setier, prix qui faisait, à l'époque même de
l'ouvrage, à peu près le tiers de la valeur totale de la
graine, et cependant les ouvriers n'en retiraient pas
un salaire extraordinaire. Ajoutons qu'une graine
aussi précieuse court le risque d'être volée pendant
un si long espace de tems qu'elle reste entre les mains
des ouvriers.

La difficulté ne consiste point à séparer la tête de

la tige , mais à démêler la graine de la tête même du trèfle , à la suite de cette première opération.

Une méthode infiniment plus facile est de laisser en monceaux, sur la terre , et exposées à l'air et à l'humidité atmosphériques , ces têtes ainsi séparées de la tige , jusqu'à ce que la balle qui recouvre les graines, se trouve assez pourrie pour s'en détacher aisément.

En été, il suffirait de les exposer ainsi pendant huit à dix jours. Pour distinguer le moment convenable de les retirer , il ne s'agit que d'en frotter quelques têtes entre les mains.

Si l'on a soin de retourner ces tas deux ou trois fois pendant l'exposition, et que l'on évite d'en laisser trop échauffer quelques parties ( ce qui n'exige qu'un peu d'attention ) , les graines ont toutes les qualités nécessaires pour l'usage du cultivateur , particulièrement si l'exposition a lieu aussi-tôt après la récolte. Il est vrai que leur couleur en est affectée, et que , par cette raison, les marchands grénetiers les estimeront à plus bas prix , sur-tout pour l'exportation, et cette graine devrait être dans nos exportations un objet de quelque importance.

Ceux qui , jaloux d'une couleur plus belle , auront de la répugnance à exposer ainsi la graine de trèfle , et qui d'ailleurs ont près d'eux des moulins à cidre ou tous autres moulins de cette espèce , pourront s'épargner beaucoup de frais , si d'abord, par le moyen du fléau, et dans la manière ordinaire, ils séparent les têtes de la tige, et qu'ensuite ils les portent au moulin et font tourner sur elles la roue , comme cela se pratique lorsqu'on veut écraser les pommes.

Ce procédé fait sortir la graine avec une dépense de tems et d'argent dix fois moindre que dans l'opération ordinaire du fléau ; et il prévient ces occasions de vols assez fréquentes lorsqu'un objet aussi précieux se trouve , pendant des semaines entières , entre les mains des ouvriers.

La graine ne sera , du reste , ni plus écrasée ni plus endommagée qu'elle ne le serait par le fléau , pour peu que l'on veille à l'opération.

Il y a une manière de recueillir la graine de trèfle sur le champ , laquelle consiste à enlever les têtes et à laisser les tiges. Cette méthode qui se pratique dans les États-Unis , est, à ce qu'on assure , très-facile et très-expéditive ; et comme les tiges sont probablement d'une plus grande valeur sur le terrain , qu'elles ne le seraient étant séchées dans le grenier , sur-tout lorsque la récolte a été clair – semée , c'est une méthode qui peut-être mériterait une épreuve.

Dans un Mémoire sur ce sujet, écrit par M. l'Hommedieu de *Long-Island* , et imprimé aux frais de la Société d'agriculture de New-Yorck , on trouve la description d'une machine employée en ces cas.

Cette machine est d'une construction simple, n'étant autre chose qu'une boîte ouverte , dont le fond a environ quatre pieds en carré ; elle a près de deux pieds de hauteur sur trois côtés, et dans sa quatrième face, que nous pouvons nommer la partie antérieure , elle est ouverte. Ici on attache des doigts semblables aux dents d'un peigne, ayant plus d'un pied de long, disposés si près les uns des autres, qu'ils détachent les têtes du trèfle de la tige qui entre dans leurs rangs. Ces têtes retombent dans la boîte à mesure que le cheval avance. La boîte elle-même est placée sur un essieu, et celui-ci est supporté par deux petites roues d'environ deux pieds de diamètre. Sur le derrière de la boîte sont deux manches par lesquels un homme, tout en guidant le cheval, abaisse ou élève les doigts de la machine, de manière à détacher les têtes du trèfle. Dès que la boîte est remplie, on la vide, et le cheval va de nouveau.

Je ne parle de cette machine que d'après l'autorité d'un écrivain très-versé en matières d'économie rurale; aussi je ne prétends point déterminer si, dans un pays comme le nôtre, où le travail est bien moins coûteux et la graine de trèfle plus chère, il serait possible de l'employer avec quelqu'avantage.

# DES ÉTABLES, etc.

*Description de trois bâtimens, tous construits d'après les mêmes principes, et dont l'un se trouve à la grange Saint-Louis, près de Poissy, sur une ferme conjointement exploitée par mon ami, M. Baraumont, et par moi ; les deux autres à Fontaine-l'Abbé près Bernay, département de l'Eure, sur une ferme que je cultive moi - même, aidé de mon estimable compatriote, M. Roderic-Austin.*

Dans deux de ces bâtimens, le bas sert d'étable au gros bétail, et dans le troisième il sert de bergerie ; mais, dans tous, le haut consiste en magasins ou greniers pour le blé en gerbes ou pour le foin.

L'un de ces bâtimens a 72 pieds de long sur 26 de large ; les deux autres ont 80 pieds de long.

Dans toutes, soit étable, soit bergerie, la hauteur est de six pieds et demi depuis le pavé jusqu'au plancher au-dessus des bestiaux.

Les étables ont deux auges qui les traversent d'un bout à l'autre (Pl. *c. c.*) ; elles sont placées de manière à laisser entr'elles un espace libre, ou un passage de cinq pieds de large , précisément au milieu du bâtiment et d'une extrémité à l'extrémité opposée ( *d.* ).

Au-dessus des auges , et de chaque côté du passage , sont des rateliers où se distribue le foin ou la paille aux bestiaux ; ces rateliers et ces auges forment ensemble une baricade suffisante pour séparer le bétail du passage intermédiaire.

L'entrée de ce passage est double , au moyen d'une porte à chaque extrémité du bâtiment (*e.e.*) ; mais les bestiaux n'y entrent point par ces portes , attendu que le passage est exclusivement réservé pour ceux qui les nourrissent ou qui vont les visiter.

De chaque côté du passage, est un espace de dix pieds et demi de large , et dont la longueur est égale à celle du bâtiment. C'est-là que se tiennent les bestiaux ; mais vu que les auges et les rateliers en occupent près d'un pied et demi , les bestiaux n'ont que neuf pieds où ils se tiennent la tête vers le passage.

Cet espace, consacré aux bestiaux , est divisé en loges de quatre pieds de large , ( *f. f.* ) chaque loge ayant sa porte de sortie pratiquée dans le dehors du bâtiment, ( *g. g.* ) de façon qu'un bœuf a sa loge de quatre pieds de large sur neuf de long , indépendamment de l'espace occupé par le ratelier et l'auge.

J'aimerais assez que l'on donnât aux bestiaux un espace plus grand que celui de quatre pieds, et quelquefois cela est indispensable , particulièrement pour les vaches, lorsqu'elles sont au moment de vêler ; par cette raison, l'on a construit les barrières de sépara-tion entre les loges , de manière à pouvoir facilement les enlever et les replacer de nouveau ; d'où il résulte que, dans le cas dont je viens de parler, on peut de deux loges n'en faire qu'une.

De chaque côté du passage, tout adossé aux auges, est une rangée de petits poteaux n'ayant que deux pouces d'épaisseur, dont une extrémité est fixée dans la terre, et l'autre attachée aux solives qui soutiennent le plancher.

A chacune de ces rangées de poteaux est clouée une bande de planches ayant deux pieds de large, placée de manière à laisser au-dessus des auges une ouverture d'environ un pied. Les auges n'ont de hauteur que 15 pouces à peu près au-dessus du sol.

Cet espace d'un pied y est ménagé pour introduire soit le grain, soit les racines dont se nourrissent les bestiaux, et pour faciliter en même-tems le nétoiement des auges.

Le fond du ratelier est au niveau du bord inférieur de cette bande de planches; il est élevé d'un pied au-dessus des auges, et va en pente du côté des bestiaux, tellement que les planches y retiennent le foin ou la paille.

Comme les auges ont quinze pouces de hauteur, et que l'espace libre entr'elles et le fond du ratelier, est d'un pied ; que d'ailleurs la partie du ratelier garnie de la bande de planches, est de deux pieds, il en résulte que le sommet de la barricade qui se trouve ainsi formée entre le passage et les bestiaux, a quatre pieds trois pouces de hauteur. Tout l'espace intermédiaire de cette barricade au plancher, reste libre pour la circulation de l'air et l'inspection des bestiaux.

Les auges sont construites de manière à servir d'abreuvoir : l'eau y est introduite au moyen d'un robinet placé à l'une des extrémités, et ce qui n'en est point bu s'écoule par un trou à l'extrémité opposée.

De chaque côté du bâtiment, au-devant des portes d'entrée de toutes les loges, la terre est un peu creusée pour servir de conduit à l'eau qui vient des toits, et à l'urine qui sort de l'étable. La pente est suffisante pour emporter tout dans un trou à fumier, placé à l'une des extrémités du bâtiment.

On voit aisément que la personne chargée de nettoyer l'étable, n'a qu'à ouvrir la porte de chaque loge, et qu'à retirer le fumier d'un pas en arrière, tout se trouve ainsi hors de la porte.

Lorsque la nourriture des bestiaux, de quelque espèce qu'elle soit, est apportée du dehors, elle arrive dans le passage par les portes d'entrée aux deux bouts, et se met dans le ratelier ou dans les auges.

Si le foin ou la paille se trouve dans le bâtiment même, le passage les reçoit jetés d'en haut, par une ouverture qui est faite au plancher directement sur la même ligne.

Au moyen de ce passage, où il n'y a jamais ni humidité ni boue, le propriétaire, ou tout autre individu de sa famille peut entrer à volonté dans le bâtiment, inspecter tous les bœufs, quand ils seraient au nombre de trente ou quarante, et s'assurer dix fois par jour de leur état et de leurs besoins, avec beaucoup moins d'inconvénient que l'on n'en aurait à visiter une fois, dans une étable ordinaire, le quart de ce nombre. On éprouve la même facilité à soigner les bestiaux et à leur donner la nourriture.

Au-dessus de l'étable, le magasin n'est qu'un plancher surmonté d'un toit, et celui-ci est supporté par les poutres nécessaires, sans qu'il y ait un mur extérieur quelconque.

Les appuis de bois ou poutres qui supportent le toit, sont placés par lignes en travers du bâtiment, chaque rang de poutres, à la distance de huit pieds l'un de l'autre ; de manière qu'ils forment, en quelque sorte, des compartimens ayant vingt-six pieds d'un côté du bâtiment à l'autre, et huit pieds d'un rang de poutres au rang suivant. Néanmoins, ces compartimens ne sont autrement séparés que par les quatre poutres placées debout, qui forment chaque rang, et qui marquent plutôt les compartimens qu'ils ne les séparent.

L'objet de cette distribution est de donner la facilité de construire un échafaud de planches entre deux rangs quelconques de ces poutres, d'y jeter le foin ou les gerbes de blé de la charrette même, et de-là les verser dans le tas du compartiment voisin. Par ce moyen, on peut remplir jusqu'au haut du toit celui de ces compartimens où l'on désire enmagasiner la provision des bestiaux, sans rien mettre dans le compartiment adjacent ; et, de plus, s'il arrive, par l'effet du mauvais tems , que le foin et le blé ne soient pas entièrement secs , ou bien s'ils s'échauffent trop , on a la facilité de les verser dans le compartiment voisin , sans les fouler aux pieds. Cet échafaud est soutenu par des chevilles que l'on met dans les poutres qui marquent les compartimens.

Le docteur Anderson qui nous a fourni cette idée , voudrait que l'on ne plaçât les rangs de poutres qu'à six pieds de distance ( et six pieds anglais ne font guère que cinq et demi de notre mesure ) ; il nous recommande non-seulement de jeter légèrement notre foin dans le tas , et sans le fouler, ce qui peut se faire au moyen de l'échafaud , mais aussi dans le cas où le foin serait assez peu sec pour que l'on dût craindre qu'il ne se gâtât , de le poser par couches alternatives , avec du foin ou de la paille bien séchés, ce qui paraît être une très-bonne méthode , et particulièrement pour le climat humide de l'Ecosse, qui est la patrie de cet écrivain. Il ajoute que les gerbes de blé qui ne sont point entièrement sèches , devraient être mises en travers les unes des autres , pour laisser à l'air la facilité de pénétrer le tas , conformément à l'usage des marchands de bois dans la construction de ces piles entr'ouvertes, composées de planches ou autres matériaux de ce genre. C'est-là un des motifs qui lui fait recommander de ne placer les rangs de poutres qu'à la distance de six pieds , afin que les tas soient moins larges.

Le plancher du magasin sur lequel ces fourages se posent, reste ouvert dans toute la ligne du pas-

-age , qui n'est recouvert que de quelques bâtons assez longs pour le traverser , et d'une force suffisante pour soutenir le foin. Lorsqu'il devient nécessaire d'en fournir aux bestiaux, ces bâtons sont bien facilement ôtés ; on tire alors le foin de la partie inférieure du tas , en commençant par tel compartiment que l'on désire vuider, mais toujours en prenant le fourage du fond du tas , jusqu'à ce qu'il y ait, au moins, un compartiment de vuide.

A la ferme de Fontaine - l'Abbé , on a tant de commodité pour abreuver les bestiaux dans la cour, que les auges ne sont pas construites de manière à contenir de l'eau : au lieu d'un ratelier , on a donc fait des auges plus grandes , qui servent pour la consommation du foin , aussi bien que pour celle des pommes de terre et des grains.

La bergerie est construite exactement de même que l'étable , si ce n'est qu'au lieu d'un passage intermédiaire et des barrières de séparation , formant des loges distinctes , les auges et les rateliers vont à l'entour du bâtiment ; leurs proportions sont plus petites , et les auges ne sont pas destinées à contenir de l'eau.

Le mur extérieur qui est composé de planches , a une ouverture d'environ neuf pouces de large, au bord supérieur des auges, et celles-ci ont à peu près un pied de hauteur.

Comme la nourriture s'introduit dans les auges par le dehors du bâtiment , il se trouve ici une planche d'environ six pouces de large , dont l'extrémité inférieure est placée sur le bord des auges dans la ligne du mur ; l'extrémité supérieure de cette planche sort d'environ quatre pouces au-delà du parallèle de ce même mur, de manière à former une pente qui conduit aux auges en dedans du bâtiment. C'est par ce moyen que les grains, les racines et autres alimens glissent commodément dans les auges, sans éprouver aucune perte.

Mais pour empêcher que la pluie n'y entre par la même voie., et pour défendre aux chiens ou à d'autres animaux l'entrée de la bergerie par cette ouverture, on a eu soin de garnir cet endroit de quelques morceaux de planches qui ont leur pente dans une direction opposée, et qui, se tenant à des crochets, peuvent être démontés et replacés dans un instant.

Le fond du ratelier est à neuf pouces au-dessus des auges, et conséquemment au niveau du bord supérieur de cette ouverture, par laquelle les auges se remplissent. Les planches qui recouvrent l'extérieur du bâtiment, sont fortement clouées aux poutres et autres pièces de support, depuis le bas du ratelier jusqu'à son extrémité supérieure ; ce qui comprend un espace d'environ deux pieds et demi. Au-dessus de ces planches, tout est ouvert jusqu'au magasin qui porte le fourage ; ensorte qu'il reste tout autour du bâtiment une ouverture de deux à deux pieds et demi de large, dont la partie inférieure se trouve à environ quatre pieds du sol.

C'est par cette ouverture que l'air pénètre dans la

bergerie ; que le foin se met dans le ratelier, et que le troupeau se voit d'un seul coup-d'œil. Cette ouverture n'est jamais autrement fermée que par une espèce de grille, qui est elle-même très-ouverte, faite d'osier, et suspendue au bâtiment par le bord supérieur, au moyen de quelques bouts de cordes, de façon qu'elle se maintient uniquement par son propre poids. L'objet de cette grille est d'empêcher que des chiens ou d'autres animaux ne puissent entrer dans la bergerie et déranger le troupeau.

*F I N.*

# ÉTABLE

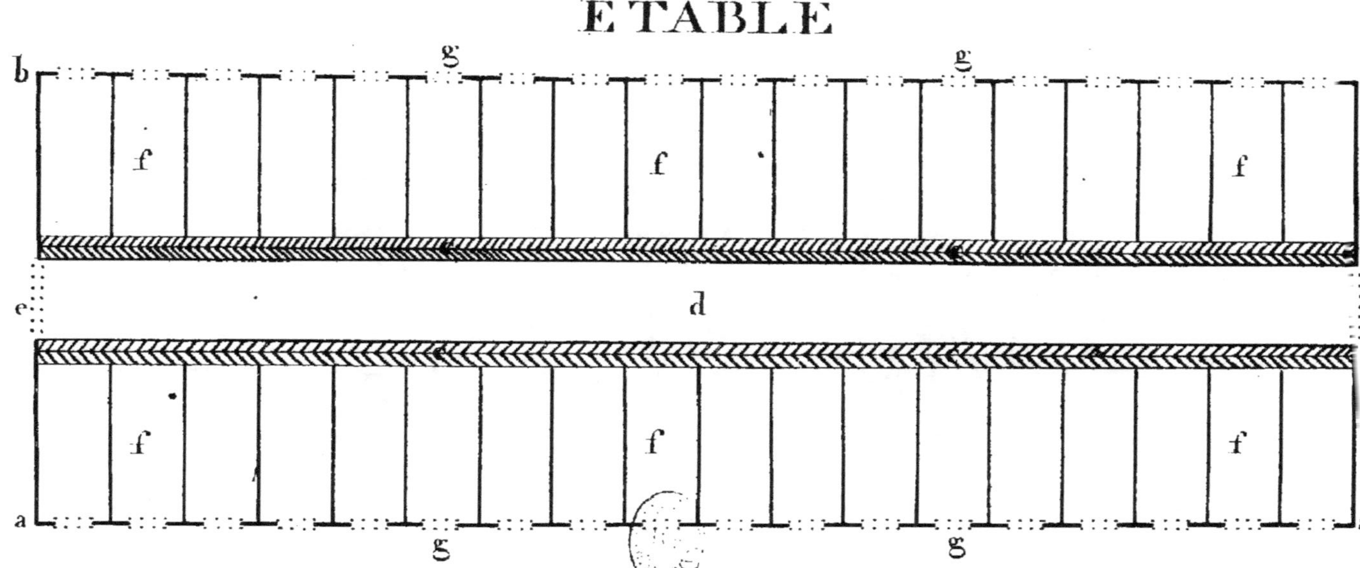



a a  Longueur totale 72 pieds.
a b  Largeur 26 pieds.
c c  Auges avec Rateliers au dessus.
d  Passage de 5 pieds de large

e e  Portes du passage
f f  Loges des Bœufs 4 pieds de large
g g  Portes des Loges

www.ingramcontent.com/pod-product-compliance
Lightning Source LLC
LaVergne TN
LVHW050843200726
843507LV00001B/396